设施番茄
减肥减药高效生产技术

◎文方芳　侯峥嵘　孙贝贝　主编

中国农业科学技术出版社

图书在版编目（CIP）数据

设施番茄减肥减药高效生产技术 / 文方芳，侯峥嵘，孙贝贝主编 .--北京：中国农业科学技术出版社，2022.4
ISBN 978-7-5116-5718-3

Ⅰ.①设… Ⅱ.①文… ②侯… ③孙… Ⅲ.①番茄—蔬菜园艺—设施农业 Ⅳ.① S641.2

中国版本图书馆 CIP 数据核字（2022）第 046840 号

责任编辑　史咏竹
责任校对　贾海霞
责任印制　姜义伟　王思文

出 版 者　中国农业科学技术出版社
　　　　　北京市中关村南大街 12 号　邮编：100081
电　　话　（010）82105169（编辑室）
　　　　　（010）82109702（发行部）
　　　　　（010）82109709（读者服务部）
传　　真　（010）82105169
网　　址　http://www.castp.cn
经 销 者　各地新华书店
印 刷 者　北京建宏印刷有限公司
开　　本　148mm×210mm　1/32
印　　张　6.625
字　　数　169 千字
版　　次　2022 年 4 月第 1 版　2022 年 4 月第 1 次印刷
定　　价　43.00 元

P 前 言
PREFACE

自 20 世纪 80 年代以来，化肥农药在我国的广泛使用，为解决温饱、粮食丰收发挥了重大的作用。然而，长期大量不规范应用化肥农药的弊端也随之显现，土壤板结、酸化、盐渍化，农产品农药残留超标、病虫抗药性增加等一系列问题引发社会广泛关注。种植业中化肥农药不合理施用是全球性问题，减少化肥农药使用已成为国际社会共识。欧盟、北美洲、亚洲、中东地区的部分发达国家化肥农药施用量都呈现先快速增长、达到峰值后保持稳中有降或持续下降的趋势，逐步走上了化肥农药减施增效的可持续发展之路。同时，人们对食品中化学农药及药物残留的危害更加关注，对食品安全的重视程度不断提高。我国关于种植业化肥农药减施增效技术的需求日益增高。我国作为一个 14 亿人口的大国，粮食安全是固国兴邦的压舱石，化肥农药仍然是保障粮食安全丰产的主要手段。随着农业技术不断发展创新，科学合理施肥和病虫害绿色防控将不断推进化肥农药减量使用，保障农业生产安全和农产品质量安全。

"看不见"的重金属污染已成为农产品的"隐形杀手"。化肥过量使用会造成土壤酸化，进而会诱发土壤重金属离子活性的提高，土壤 pH 值每下降一个单位，重金属镉的活性就会提升 100 倍，增加骨痛病等疑难病症的患病风险。

农药使用量较大，加之施药方法不够科学，会造成农产品残留超标及环境污染。近 10 年来，全世界每年有 300 多万人农药中毒，其中20万人死亡，在发展中国家情况更为严重。在加拿大的因内特，由于食用杀虫剂污染的鱼类及猎物，致使儿童和婴儿表现出免疫缺陷症，他们的耳膜炎和脑膜炎发病率是美国儿童的30倍。农药慢性危害虽不能直接危及人的生命，但可降低人体免疫力，从而影响人体健康，致使其他疾病的患病率及死亡率上升。

我国是化肥生产和使用大国。据国家统计局数据，2013年我国化肥生产量7037万t（折纯，下同），农用化肥施用量5912万t。我国农作物亩（1亩≈667m²，全书同）均化肥用量21.9kg，高于世界平均水平（每亩8kg），是美国的2.6倍，欧盟的2.5倍。2012—2014年农作物病虫害防治年均使用农药31.1万t（折百，下同），比2009—2011年增长9.2%。2012—2015年，中国农业科学院蔬菜花卉研究所在华北部分设施蔬菜基地调研结果显示，农药平均亩用量1800g（有效含量），其中杀菌剂投入量大，占总量的90%以上。化肥农药的大量不合理使用，导致资源利用效率下降、生态环境恶化、农产品质量安全受到威胁，已成为制约种植业发展的瓶颈。

近年来，各级政府陆续出台了关于提升农产品质量安全水平的政策文件。2014年9月北京市委发布《关于调结构转方式发展高效节水农业的意见》，强调要以"高效、节水、生态、安全"为基本原则，强化生产安全，以保障安全为目标，做一流的北京安全优质农业品牌，为未来北京农业发展指明了方向。2015年中央一号文件和全国农业工作会议提出：大力推进化肥减量提效、农药减量控害，积极探索产出高效、产品安全、资源节约、环境友好的现代农业发展之路。同年，农业部①制订了《到2020年化肥使用量零增长行动方案》和《到2020年农药使用量零增长行动方案》，提出

---

① 中华人民共和国农业部，全书简称农业部。2018年国务院机构改革，将农业部的职责整合，组建中华人民共和国农业农村部，简称农业农村部。

到 2020 年全国化肥农药使用量不再增加的总体目标。到 2020 年，氮、磷、钾和中微量元素等养分结构趋于合理，有机肥资源得到合理利用；测土配方施肥技术覆盖率达到 90% 以上；畜禽粪便养分还田率达到 60%，提高了 10 个百分点；盲目施肥和过量施肥现象基本得到遏制，传统施肥方式得到改变。要求各地通过多种形式，引进、试验并示范推广化肥农药替代技术，确保农产品质量安全和生态环境安全。北京市结合农业结构调整和农产品质量安全，提出了农药的减量应用，农药用量从 2014 年的 600t 削减到 2020 年的 500t。2020 年，习近平总书记在中央农村工作会议上强调"要加强农村生态文明建设，保持战略定力，以钉钉子精神推进农业面源污染防治，加强土壤污染、地下水超采、水土流失等治理和修复"。2021 年中央一号文件《中共中央　国务院关于全面推进乡村振兴加快农业农村现代化的意见》指出，持续推进化肥农药减量增效，推广农作物病虫害绿色防控产品和技术。

专家认为，控制化肥用量应该以技术创新为前提，同时也要与其他栽培措施配合实现粮食增产。要淘汰低效、高毒、高残留农药品种，提升农药利用率，并用高效、环境友好型绿色农药和生物农药新品种替代低效老旧品种，在此基础上合理使用与科学防控。北京市经过多年研究，集成设施蔬菜化肥农药减施增效技术模式，模式包含性诱剂诱杀害虫、黄蓝板诱杀害虫、天敌控害技术、有益微生物的应用、精准施药、环境优化与健身栽培、植物诱导抗病激活技术、测土配方施肥、有机肥替代部分化肥、水肥一体化、新型肥料应用等，同时引入社会化服务组织开展土肥植保服务，极大提升了减肥减药技术模式的应用效果，推广面积不断扩大。

本书立足当前农业减肥减药的发展背景，详细介绍了北京市近几年来研究、应用和推广的化肥农药减量一体化技术，覆盖了设施番茄生产的各个环节，从"控、替、调、改、精、统"六方面着手，包含了性诱剂诱杀、黄蓝板诱杀、天敌技术、有益微生物应用、精准施药、环境优化与健身栽培、植物诱导抗病激活技术、平衡施肥、有机无机肥料配施、水肥一体化、新型肥料应用等20多项技术，同时引入社会化服务组织开展土肥、植保服务形式，对完善土肥植保理论并应用于实际生产具有很强的指导作用。全书文字通俗易懂，理论系统全面，技术先进实用，适合广大蔬菜种植者和农业技术推广人员学习使用，也可供农业院校相关专业师生阅读参考。

本书的编写依托北京市农业农村局2018—2020年科技项目"三种设施蔬菜化肥减量技术集成试验与示范"和"三种设施蔬菜化学农药减量技术集成试验与示范"，获得北京市农业农村局科技处的大力支持，书中多项技术为项目形成的重要成果。本书在编写过程中参考了有关专家、学者的著作和文献资料，引用了一些新的科研成果，在此一并表示谢意。由于笔者水平有限，书中如有不妥之处，敬请专家和广大读者批评指正。

主　编

2022 年 1 月 30 日

C目录
CONTENTS

第一章

设施番茄生产概述

一、番茄特性介绍

番茄（*Lycopersicon esculentum*）在我国又名西红柿，为茄科番茄属植物，原产于南美洲西部的秘鲁、厄瓜多尔、玻利维亚、智利等热带地区。从 20 世纪初期开始，我国开始将番茄作为蔬菜来食用和栽培。直到 20 世纪四五十年代，番茄栽培才初具规模；70 年代时，已经遍布全国。我国番茄的产地主要集中在西北、东北和华北地区的新疆、内蒙古、甘肃、宁夏、黑龙江、辽宁、山东、河北等省（自治区）。

番茄作为营养价值丰富、食用方便的大众蔬菜，深受消费者的喜爱。有研究表明，每人每天食用 200 ～ 400g 番茄即可满足身体对维生素的要求。北京作为超大城市，2019 年常住人口 2153 万人，再加上约 500 万人非常住人口，年蔬菜消费量约为 1100 万 t，是典型的农产品消费市场。作为居民家庭消费的主要菜品之一，番茄消费约占蔬菜总消费量的 8%。近年来，北京市番茄种植面积和产量逐年下降。2017 年北京市番茄播种面积 4.3 万亩，产量 27.1 万 t；2019 年播种面积减少至 3.7 万亩，产量 25.7 万 t（《北京统计年鉴》，2019）。一方面，随着种植面积不断减少，番茄供不应求；另一方面，市民对农产品的要求越来越高，加上生产成本增加，北京郊区的蔬菜园区和基地开始发展高品质鲜食番茄。

（一）温度的要求

番茄是喜温、喜光、半耐旱的蔬菜，番茄较耐低温而不耐高温，生育期适宜温度范围为 10 ～ 30℃。当气温低于 10℃时，生长速度缓慢；低于 5℃时，生长停止；0℃以下，有受冻害的可能。当温度高于 30℃，同化作用显著下降，生长量减少；温度达 35℃时，生殖生长受破坏，不能坐果；35 ～ 40℃时，失去生理平衡，易诱发病毒病。土壤温度以 20 ～ 22℃为最好，根系在 13℃以下功能下降，可忍耐的最高温度为 32℃。缓苗期白天温度控制在 22 ～ 28℃，夜间温度不低于 15℃；开花坐果期白天温度控制在 20 ～ 25℃，夜间温度不低于 10℃；结果期，8—17 时温度控制在 22 ～ 26℃，17—22 时控制在 13 ～ 15℃，22 时到次日 8 时控制在 7 ～ 13℃。

（二）光的要求

作为喜光蔬菜，在一定范围内，光照越强，番茄光合作用越旺盛，生长越好。光补偿点为 2000lx，有利于苗期花芽分化及早显花；光照度低于 1.3 万 lx，花芽分化大大延迟；光照度 3 万 ～ 3.5 万 lx 才能维持其正常的生长发育；光饱和点为 7 万 lx。秋冬茬，光照过强会造成日灼和病毒病的发生，需采取遮阴降温措施；而在冬季拉盖棉被时，则需要考虑光照的要求，并保持塑料薄膜透光洁净。

（三）水分的要求

番茄属半耐旱作物，适宜的空气相对湿度为 50%～65%，若湿度过高，易引起多种真菌性、细菌性病害发生，也会影响自花授粉和受精作用。苗期适宜土壤相对湿度为 65%～75%，盛果期为 75%～85%。如果土壤水分含量变化不均匀，忽干忽湿，容易裂果，影响果实的商品性。

（四）土壤的要求

番茄根系发达且再生能力强，吸收能力也很强，因此对土壤要求不严，适应性较强，但对土壤通气条件要求高，最适宜土层深厚、疏松肥沃、排水良好、中性或弱酸性（pH 值 6～7）的土壤。

二、北京地区设施番茄主要品种

近年来消费者对蔬菜品质的要求不断提高，目前市场上出售的番茄大多为抗病性强、耐存放的高产品种，适合熟食。北京郊区一些合作社和园区生产的适合鲜食的高端优质番茄产品供不应求。鲜食番茄应具有果皮薄、果肉多汁且沙面、风味浓郁、甜酸可口的特点。口感较好的番茄既有风味浓郁的传统品种，又有新选育的适合鲜食的多汁番茄品种，分为大果型、中果型和樱桃番茄 3 种类型。

（一）选择原则

可溶性固形物含量是判断番茄口感的重要指标之一，高品质番茄品种一般建议可溶性固形物含量大型果大于 6%，中型果大于 8%，樱桃番茄大于 9%。在此基础上，筛选产量高、果实周正、色泽均匀的品种。

（二）推荐品种

苹果青（图1-1） 风味浓郁的大果型北京传统农家品种，植

株无限生长类型，中熟，从定植到始收 70 ～ 75 天，植株生长健壮，结果性较强，每穗结果4个左右，果实高圆形，其特色是成熟时果实从脐部开始变为粉红色，果肩为翠绿色，似苹果一样，故名"苹果青"。果面布满隐约可见的小白点；果肉沙瓤，且有浓浓

图1-1 苹果青

的番茄味，口感酸甜适度，特别适宜鲜食。单果质量 180 ～ 200g。该品种抗寒性较好，耐热性中等，皮薄易裂果，抗病性较差，尤其不抗番茄黄化曲叶病毒病。适合在春茬温室、大棚或高海拔冷凉山区春夏季露地种植。在中等肥力棚室内种植时，每亩种植 3000 株，亩产量 4000kg。

粉红太郎3号（图1-2） 由日本引进的杂交品种，植株无限生长类型，生长势较强，早熟性好，果实高圆形，青果略有绿果肩，成熟后果实粉红色，颜色亮丽，硬度较好，单果质量 220 ～ 240g，品质好，甜酸适中，风味浓郁，糖含量 7% ～ 8%，非常适合鲜食，抗番茄黄化曲叶病毒病、根结线虫和叶霉病。适合日光温室、大棚种植，每亩种植 2200 株，亩产量 5000kg。

图1-2 粉红太郎3号

原味 1 号（图 1-3） 中果型品种，植株无限生长类型，每穗结果 8 个左右，果实扁圆形似苹果，单果质量 40～60g，粉红色，口感独特，汁浓酸甜，具有番茄独特的香味，回味甘甜。不抗番茄黄化曲叶病毒病，适合在越冬茬、早春茬和秋延后茬日光温室栽培，每亩种植 2000～2500 株，亩产量 3000kg。

图 1-3　原味 1 号

黑宝石（图 1-4） 由京研盛丰种苗研究所引进的中果型品种，植株无限生长类型，生长势强，坐果性好，每穗结果 8～9 个，果实圆球形，单果质量 30～35g，果皮颜色初期为纯黑色，完全成熟后转为深紫红色，富含花青素，经常食用能提高人体免疫力，折光糖含量达 10% 以上，口味极佳。抗病性中等，适合保护地栽培；适宜在日照充足、排水良好的土壤中

图 1-4　黑宝石

栽培，可以采取双秆整枝的方式来节省用种量，每亩种植 2300 株左右。植株结果期加强肥水管理，以防植株早衰，亩产量 4000kg。

图 1-5　春桃

春桃（图 1-5） 我国台湾农友公司选育的中果型品种，植株无限生长类型，耐根结线虫及枯萎病，果实高圆形，果脐部尖凸，外形似小型桃子，每穗可结果 9～10 个，单果质量 45g，果皮粉红色，完全成熟后呈深粉红色，外观靓丽可爱；果实甜度高，可溶性

固形物含量 7.5% 左右，有浓郁的番茄风味；果蒂不易脱落，果实较硬，耐贮运。不能使用激素辅助坐果，以免导致果脐过长而影响产品外观。果实绿熟期应控制浇水量。每亩种植 2200 株，亩产量 4000kg。

京番 308　北京市农林科学院蔬菜研究所育成品种。无限生长型，口感独特，果实苹果形，单果质量 100g 左右，粉红色，汁浓酸甜，独有番茄的香味，回味甘甜。适合越冬、早春、秋延温室栽培。

图 1-6　京番 309

京番 309（图 1-6）　北京市农林科学院蔬菜研究所育成品种。粉果番茄杂交种，早熟，无限生长型，绿肩，果实圆形，每穗坐果数 4 ～ 7 个，单果重 80 ～ 120g，味浓硬度好。具有抗番茄黄化曲叶病毒病 *Ty1* 和 *Ty3a* 基因位点、抗根结线虫病 *Mi1* 基因位点等。适合早春、秋延温室栽培。

京采 6 号（图 1-7）　北京现代农夫种苗公司育成品种。高抗番茄黄化曲叶病毒病、烟草花叶病毒病、叶霉病、根结线虫等，综合抗性强，适应性强，配合适宜的管理措施可全年栽培。采取普通管理措施糖度即可达到 7% ～ 8%，不用特殊管理就能出绿肩，糖度高，口感突出。

图 1-7　京采 6 号

京采8号（图1-8）引进国外优秀种质资源，历时6年精心培育的高品质草莓番茄新品种，无限生长型，早熟性好，单果重150～180g，正圆形，未熟果条状绿肩明显，成熟果粉红色，口感细腻，酸甜可口，番茄味特别浓，普通栽培糖度可达7%左右，特殊控水栽培糖度可达10%左右，特

图1-8 京采8号

别适合作为水果鲜食。该品种长势稳健，叶量中等，具有抗番茄黄化曲叶病毒病 *Ty1* 和 *Ty3a* 基因位点，对根结线虫及叶霉病抗性较强，栽培管理更容易，适合各地采摘园或种植草莓柿子的地区栽培。

维纳斯（图1-9）由北京市农业技术推广站选育的樱桃番茄杂交品种，植株无限生长型，中早熟。第1花序着生在第6～7节，花序间隔3节，叶绿色，茎秆粗壮，枝叶繁茂。成熟后果实变为橙黄色，圆形果，果皮较薄，果肉较多，口感甜酸适度，鲜食时有特殊的甜香味，风味好，品质极佳，抗病性较强，坐果多，皮薄易裂果；单果质量17g左右，适合在保护地栽培。每亩种植2200株，亩产量3000～3500kg。

图1-9 维纳斯

黑珍珠（图 1-10） 从德国引进的樱桃番茄杂交品种，植株无

图 1-10　黑珍珠

限生长类型，中熟，从定植到始收 60～65 天，植株生长健壮，连续结果性较强，每穗结果 10 个左右，果实为圆球形，红黑色，单果质量 20g 左右，果实的外形和颜色与巨峰葡萄果实相似，口感酸甜适度，具有浓郁的番茄味，含有丰富的花青素，经常食用能提高人体免疫力，特别适合鲜食。适应性广，耐热性较好，抗寒性中等，抗叶霉病、晚疫病，不抗番茄黄化曲叶病毒病。适合在全国各地保护地和露地种植。春季保护地栽培，每亩种植 2200 株，亩产量 3500～4000kg。

精选 406（图 1-11） 由京研盛丰种苗研

图 1-11　精选 406

究所引进的樱桃番茄品种，植株无限生长类型，长势旺盛，耐瘠薄，抗旱，中早熟，果实长椭圆形（俗称花生果），鲜红色，单果质量 18g 左右，含糖量可达 10% 以上，风味浓郁、甜美，肉质细腻，结果能力强，抗病性中等，产量较高。适合保护地和露地种植。每亩种植 2200 株，一般亩产量 3500kg。

72—152 福特斯、74—104 摩斯特 瑞克斯旺公司研发品种，均属于樱桃番茄，无限生长型，红果，适合早春、早秋、秋冬保护地栽培。早熟性佳，产量高，果实口感及风味较好，适合就地销售及短距离运输，是适合玻璃温室栽种的樱桃番茄品种。

夏日阳光 无限生长型的番茄，高产质优，不但产量高，而且果实呈金黄色圆球形，皮硬度好，保鲜期长，口味清甜，肉质细嫩，市场价值高。

三、北京地区设施番茄主要茬口

（一）茬口安排

在安排茬口时，要充分考虑番茄对环境条件的要求、品种适应性、商品供应期及病虫害发生规律等因素。为保证番茄的周年供应获得较高经济效益，需要适应的条件，合理安排茬口。北京地区各茬口时间安排，详见图1-12。

设施类型	茬口	生育期	12	1	2	3	4	5	6	7	8	9	10	11	12	1	2	3	4	5
日光温室	春夏茬	育苗	■	■																
		定植			■	■														
		采收					■	■	■	■										
	秋冬茬	育苗							■	■										
		定植									■									
		采收											■	■	■	■	■			
塑料大棚	越夏茬	育苗					■													
		定植						■												
		采收							■	■	■									

图1-12 北京地区番茄不同茬口生育期

日光温室春夏茬　本茬口为保证五一节假日番茄的供应。一般在前一年12月播种育苗，2月下旬至3月初定植，4月下旬开始采收，7月拉秧。苗期和生长前期处于低温、寡照条件，植株生长缓慢，苗龄长，前期易发生低温危害。定植后，外界温度由低到高，非常符合番茄生长发育所需温度，二者变化一致。

日光温室秋冬茬　本茬口为保证元旦和春节节假日番茄的供应。一般在6月底7月初播种育苗，8月上中旬定植，10月中旬至11月初开始采收，翌年2月拉秧。定植后，幼苗生长温度非常适宜；苗期和生长前期处于高温强光季节，病虫害发生较为严重，易暴发番茄黄化曲叶病毒病而造成大幅减产或绝产；结果期，气温逐渐降低直至全年外界最低气温阶段。

塑料大棚越夏茬 也被称作"春秋棚"，平原地区一般4月中下旬播种育苗，6月初定植，7月中旬开始收获，9月底拉秧。正值番茄生产淡季，外界温度高又逢雨季，坐果难，此时番茄售价高。

（二）不同茬口的温度变化

白优爱（2003）对北京地区春夏茬和秋冬茬温室内的温度进行监测，见图1-13。定植后，在相同的时间内，秋冬茬番茄日光温室积温明显高于春夏茬番茄。定植后40天内，秋冬茬地温都高于春夏茬，40天后却低于春夏茬。直至收获，秋冬茬番茄地温降至13℃，而春夏茬番茄可达到22℃。积温、地温与番茄干物质积累量呈显著的正相关关系。即在一定温度范围内，外界温度越高，地温和积温越高，干物质积累量增加越快；反之，温度越低，干物质积累量也随之减少。这也是设施番茄春夏茬的产量明显高于秋冬茬的主要原因。因此，不同种植茬口需要根据外界温度的变化调整生产管理措施，如早春防倒春寒，盛夏遮阴防日灼等。

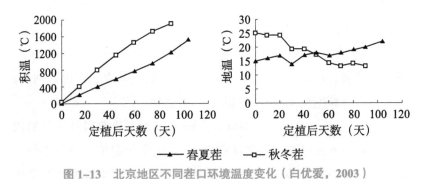

图1-13　北京地区不同茬口环境温度变化（白优爱，2003）

（三）不同茬口的养分需求

一般来说，日光温室番茄春夏茬产量6000～8000kg/亩，秋冬茬产量5000～6000kg/亩；塑料大棚越夏茬番茄产量3500～7500kg/亩。每生产1000kg番茄需要的养分是N 2.59～2.93kg，P_2O_5 0.43～0.58kg，K_2O 3.7～5.13kg，CaO 2.52～4.19kg，MgO 0.43～0.9kg，不同养分元素吸收量顺序是K＞N＞Ca＞Mg＞P。氮吸收量快速增加是从第一果实膨大期开始，随后吸收速率增大，氮素吸收量为果＞叶＞茎＞根。磷和镁的吸收动态比较相似，苗期吸收量小，从果实膨大期起吸收明显增加。钾在第一果实膨大后吸收迅速增加，营养生长阶段占全生育期的30%，果实膨大期占70%。

日光温室番茄春夏茬和秋冬茬养分吸收规律，详见图1-14。首先，随着生育期的延长，番茄对养分的吸收量不断增加，各时期吸氮量、吸钾量均大于吸磷量，也就是钾需求量＞氮需求量＞磷需求量。其次，春夏茬番茄养分吸收主要在中后期。定植后40～80天，番茄对养分的吸收量达到高峰，氮、磷、钾吸收量分别占总吸氮量、吸磷量、吸钾量的41.8%、36.5%、58.9%。最后，秋冬茬番茄养分吸收集中在前中期。定植后20～40天，番茄对养分的吸收量达到高峰，氮、磷、钾吸收量分别占总吸氮量、吸磷量、吸钾量的43.7%、67.4%、64.6%。

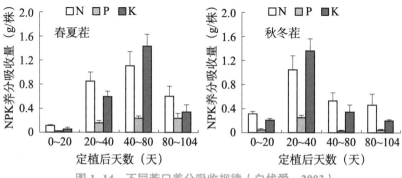

图1-14 不同茬口养分吸收规律（白优爱，2003）

塑料大棚番茄养分吸收规律与日光温室类似。定植后 0 ～ 20 天养分吸收速率低，占整个生育期总量的 2% ～ 3%；定植后 20 ～ 40 天，氮磷钾吸收逐渐加快，此时氮、磷、钾量分别占整个生育期总氮、总磷、总钾的 31.7%、24.5% 和 24.3%；定植后 40 ～ 80 天，氮、磷、钾吸收量分别占到 41.8%、36.5% 和 58.9%；定植后 80 ～ 100 天的氮磷钾吸收速率有所降低，分别占 21.9%、36.8% 和 13.9%。番茄不同时期吸收的养分在各器官中的分配不同，从果实膨大期到拉秧期，花果的氮磷钾总养分量＞茎＞叶＞根（图 1-15）。

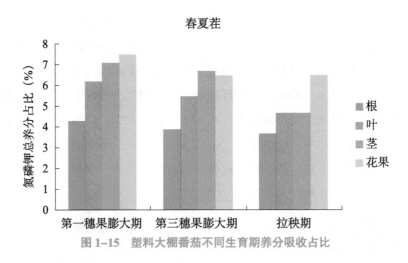

图 1-15　塑料大棚番茄不同生育期养分吸收占比

四、北京地区番茄施肥现状与土壤质量

通过对北京市昌平区、房山区和大兴区 45 个具有代表性的种植园番茄施肥情况和土壤状况调查，发现了一些问题并提出了相应对策。

（一）问 题

1. 肥料投入量大，秸秆重视度低

番茄平均亩产 5239kg，平均化肥投入量（折纯）31kg/亩，N、P_2O_5、K_2O 分别为 11.3kg/亩、7.1kg/亩和 12.6kg/亩，平均有机肥投入量 2.24t/亩，整体投肥量大（表 1-1）。各区选择的有机肥以畜禽粪便为主，包括商品有机肥、腐熟鸡粪、猪粪和牛粪等，但这类有机肥含纤维素少，对土壤腐殖质贡献有限，而化肥的重要替代物之一作物秸秆使用很少。

表 1-1 番茄施肥量与产量

地区	化肥用量（kg/亩）				有机肥用量（kg/亩）	产量（kg/亩）
	N	P_2O_5	K_2O	合计		
北京昌平	11.6	7.3	13.5	32.4	2220	5310
北京大兴	10.2	6.0	11.7	27.8	2100	4975
北京房山	12.2	8.1	12.5	32.8	2400	5433
平均	11.3	7.1	12.6	31.0	2240	5239

注：以上养分数据为各类化肥和有机肥经折算后的数据。

2. 肥料运筹随意，养分大量盈余

番茄在前期吸收养分较少，中后期快速增加，但农户习惯底施大量化肥，底肥养分带入量占总养分的 42.5% ~ 70.0%，养分前期过多，中后期不足，造成养分供应与作物吸收明显不同步，进而出现作物缓苗慢、生理性病害等问题。番茄需钾多磷少，吸收比例一般为 N：P_2O_5：K_2O = 1：0.15：1.6，但高磷化肥品种如三元复合肥、冲施肥等磷占比较大，导致施磷量远超需求。由表 1-2 可见，番茄亩均总投肥量 87kg（折纯量），其中 N、P_2O_5、K_2O 分别为 20.3kg/亩、18.3kg/亩和 48.4kg/亩，是作物需求的 2 倍。因此，整体呈现出明显的养分正盈余，钾盈余量最高，其次是磷和氮。

表 1-2　番茄养分盈余分析

地区	养分需求（kg/亩）			养分投入（kg/亩）			养分盈余（kg/亩）		
	N	P$_2$O$_5$	K$_2$O	N	P$_2$O$_5$	K$_2$O	N	P$_2$O$_5$	K$_2$O
北京昌平	15.9	2.39	25.5	20.4	18.4	49.0	4.51	16.0	23.6
北京大兴	14.9	2.24	23.9	18.6	16.5	45.3	3.63	14.2	21.4
北京房山	16.3	2.45	26.1	21.8	20.1	50.9	5.53	17.6	24.8
平均	15.7	2.36	25.2	20.3	18.3	48.4	4.56	15.9	23.3

注：以上养分数据为各类化肥和有机肥经折算后的数据。

3. 出现各类障碍问题，土壤质量退化

生产上常年过量施肥导致了土壤出现各种障碍问题。土壤全氮、有效磷和有效钾平均含量分别为 1.81g/kg、171mg/kg 和 359mg/kg，均处于偏高或极高水平，土壤氮钾含量高，易出现离子拮抗，导致番茄出现生理性病害。大量不被作物吸收的磷在土壤中富集，超环境临界值的 2～3 倍，表现出较高的磷环境污染风险。部分园区土壤出现了中度和重度盐害，土壤酸碱度中性化或酸化明显（表 1-3）。

表 1-3　基础土壤养分与障碍因子

地区	全氮（g/kg）	有效磷（mg/kg）	有效钾（mg/kg）	EC 值（mS/cm）	pH 值
北京昌平	2.12	174	310	0.308	7.33
北京大兴	1.24	146	297	0.528	8.09
北京房山	1.76	192	519	0.788	7.11
平均	1.71	170	375	0.541	7.51

（二）对　策

1. 开展化肥减量增效，引导园区合理施肥

解决因投肥过量，导致的番茄生理性病害、土壤质量降低等问题，要注意氮磷钾总养分调控，协调养分投入与作物需求的平衡；

注意按照作物的需肥规律，协调基肥和追肥的比例与数量，以及大量元素与中微量元素的平衡。换言之，也就是要采用"总量控制，分期调控"策略。根据土壤养分水平和作物目标产量，确定氮素需求总量；明确有机肥带入养分，追施的氮按作物阶段需求分配；磷和钾的推荐则需要依据土壤肥力分级和作物养分带走量进行"恒量监控"。

2. 选用高碳类有机肥，替代部分化肥

土壤基础地力是实现作物产量潜力的关键因子。通过有机无机优化配施，尤其是高碳有机肥（秸秆类）的选用，能协调土壤理化性状，加速养分循环利用，提升土壤功能；考虑有机肥带入的有机态氮磷钾，替代部分化肥，减少化肥的投入量。

3. 维持土壤可持续使用，应用水肥一体化技术

由于人为过量施肥和不合理干扰，设施土壤缓冲能力明显下降。北京地区新建设施菜田在第 3 年或第 4 年就出现了土壤次生盐渍化，5 年以上的设施老菜田土壤盐分超标率远高于新建设施。水肥的过量投入是导致土壤次生盐渍化和酸化的主要诱因，应从源头上严控水肥投入，推广适合于区域、作物特点以及生产实际需求的，以平衡水肥调控为核心的水肥一体化技术。

4. 大力培育土肥社会化服务

目前，京郊规模化生产、种植大户与农民合作社等新型农业经营主体迅速发展壮大。但因缺少必需的专业知识、对市场上现有肥料产品难以把握等原因，很难根据作物不同生育期的需肥特性进行合理施肥，导致肥料利用率不高、产生化肥面源污染等问题，需要为之提供全套改土与营养方案。因此，亟须培育土肥社会化服务组

织，将公益性服务和经营性服务相结合。帮助新型农业经营主体顶层设计，因地制宜，开展科学施肥和土壤管护，节本增效，减少氮磷污染物排放，保护农田生态环境。

五、设施番茄主要病虫害及防治现状

（一）病虫害发生现状

京郊地区设施番茄种植茬口较多，大致可分为春夏茬、春茬、越夏茬、夏秋茬和秋茬，另有少部分越冬茬番茄。但秋冬茬和春夏茬是种植茬口的主流，占到所有种植茬口的 85%。另外，延庆区、密云区由于气候冷凉，春秋塑料大棚的种植比例较高。本书主要介绍设施番茄秋冬茬、春夏茬和春秋棚的主要病虫害发生种类、特点和防治方法。其他茬口的主要病虫害亦包含其中，可作为参考。

通过对北京房山、大兴、昌平、延庆等地区共 45 个种植园区开展调研，设施番茄主要病虫害发生种类及用药情况如表 1-4 所示。

表 1-4　京郊地区设施番茄主要病虫害发生种类及用药情况

茬口	主要病虫害种类		危害程度	化学农药使用次数	化学农药使用量（g/亩）	生物农药使用次数	生物农药使用量（g/亩）	天敌昆虫使用次数
春夏茬	病害	灰霉病、叶霉病	+++	4.5	322.5	4.7	257.1	
		早疫病、病毒病、根结线虫病、脐腐病	++					
	虫害	蓟马、烟青虫	+++	6.6	212.0	4.3	141.7	3.2
		棉铃虫、甜菜夜蛾、蛴螬、斑潜蝇、蚜虫、叶螨	++					

续表

茬口	主要病虫害种类		危害程度	化学农药使用次数	化学农药使用量（g/亩）	生物农药使用次数	生物农药使用量（g/亩）	天敌昆虫使用次数
秋冬茬	病害	病毒病、灰霉病、晚疫病	++++	5.3	254.3	6.0	275.0	
		叶霉病、细菌性斑点病、根腐病、根线虫病、早疫病、白粉病	++					
	虫害	粉虱	++++	6.0	476.7	5.2	1057	3.4
		棉铃虫、蓟马、甜菜夜蛾、烟青虫、蚜虫	++					

注："++++"代表重度发生，危害损失大于40%；"+++"代表较重发生，危害损失25%～40%；"++"代表中度发生，危害损失15%～25%；"+"代表轻度发生，危害损失5%～15%。

北京地区春夏茬番茄苗期和定植期病害主要有立枯病、猝倒病，主要害虫为蓟马，次发害虫包括棉铃虫、蛴螬、斑潜蝇、蚜虫、叶螨等；结果期病害有灰霉病、叶霉病、脐腐病、根结线虫病等，虫害主要是蓟马、斑潜蝇、棉铃虫和粉虱。秋冬茬苗期和定植期主要有立枯病、猝倒病，结果期病害种类以病毒病、灰霉病、叶霉病、晚疫病为主，细菌性斑点、根腐病、根结线虫、早疫病、白粉病等为次要病害。秋冬茬主要害虫为粉虱，其次为蓟马、菜青虫、棉铃虫、斑潜蝇等。春秋大棚番茄从定植至结果期病害主要有猝倒病、叶霉病、脐腐病、病毒病、早疫病等，害虫主要有粉虱、蓟马、棉铃虫、菜青虫等。

从病虫害的发生规律来看，春夏茬病害种类及危害程度普遍低于秋冬茬，随着温度逐渐升高，害虫从生长期开始逐渐种类增多、危害加重，至采收结束期往往已积累比较大的虫口基数。

秋冬茬则由于外界温度逐步降低、湿度增加，造成病害逐步加重，害虫数量逐步降低。总的来说，春夏茬害虫发生程度较轻，化学农药用量比秋冬茬少 55.5%，生物农药用量比秋冬茬少 86.6%。如果配合科学的施肥栽培技术，可以达到不应用化学农药即可安全生产的水平。而秋冬茬作物则面临温度低、湿度大、光照弱等与植物最适宜的生长条件所冲突的种种不利因素，对植物的适应性和抗逆性提出了更多挑战。因此，为降低病虫害对植物的侵扰，投入的农药次数与用量均高于春夏茬，对综合防治方法也提出了更高要求。冷凉地区的春秋大棚则在定植初期由于降温等气象因素易遭受冷害，夏季易发脐腐病，有病原积累的棚室或者园区易发叶霉病和早疫病；粉虱发生时期比春夏茬日光温室要晚 20 ～ 30 天，一般会在 7—8 月达到高峰。因此防治策略需要综合病虫害的发生特点，注重预防，可大大降低整个生育期的病虫发生程度。

（二）病虫害发生特点

1. 新老病害复杂多变

由于设施自身温度高、湿度大、通气性差，易滋生病害；设施的周年生产，连茬种植，为病害流行提供条件；且由于气候变化、低温、暴雨、雾霾等环境因素导致病害种类增加，病情指数上升。病害发生情况相对复杂，真菌、细菌、病毒、线虫或生理病害经常交叉，老病害逐步加重，新病害相继出现，且常常多种病害混合发生，交替更迭，为害更加猖獗，防治越来越困难。随着种植年限加长，品种结构不断变化，土壤中病原菌不断累积，土传病害会持续加重。据调查，番茄、黄瓜、草莓等主要设施作物镰刀菌引起的枯萎病经常造成缺苗断垄，严重时成片或成棚死苗；一些设施蔬菜种植年限较长的棚室，因枯萎病、黄萎病、疫病或菌核病等土传病害造成的损失达 20%～30%。此外，根结线虫病在大兴、房山、顺义等区发生普遍，个别园区设施蔬菜甚至无法种植。

2. 小型害虫日益猖獗

目前北京地区蔬菜生产温室基本安装防虫网，有效阻隔了大型害虫（鳞翅目、鞘翅目、半翅目害虫）进入设施。设施内主要发生的害虫为蚜虫、粉虱、蓟马和红蜘蛛等小型吸汁性害虫，发生与危害率占设施农业害虫的 90% 以上，常年对作物造成的损失达 20%～30%，严重时甚至造成作物绝产。此类害虫在北京地区设施农业生产中具有发生普遍、寄主范围广、繁殖速度快、虫体小不易发现、混合发生、防治难度大、容易产生抗药性的特点，且多数为传播其他危险性病毒病的媒介昆虫，生产中危害严重，往往需要投入大量人力物力进行防治，仍然造成巨大的损失。例如，近年来以烟粉虱传播的黄化曲叶病毒病危害严重，造成番茄产量损失达 20%～50%。

（三）病虫害防治现状

1. 化学防治占主导地位

目前，设施蔬菜病虫防治主要还是依赖化学防治手段，从表 1-4 可以看出，设施番茄每个生产季施药 5～6 次，个别蔬菜棚一个生产季施药次数最多可达 10 次左右。在使用化学农药防治害虫过程中仅有 20%～30% 的农药沉积在作物上，70%～80% 以上的农药飘散到了空气和土壤中，对土壤和农业生态环境产生巨大威胁。农药的大量使用，带来了农药残留问题，除了农产品安全问题外，对农业产业安全也有严重影响。

2. 生物防治比例较低

北京市设施蔬菜生物防治技术应用较为广泛的是释放天敌昆虫、应用生物农药、应用昆虫信息素等，2018 年对北京市部分生物防治示范区应用面积统计显示，生物防治技术应用面积占全市绿色防控面积的 57.9%，其中，生物杀虫剂应用比例最高，达43.1%，生物杀菌剂应用比例为 14.8%，释放天敌昆虫的面积占比为 29.1%，应用昆虫信息素的比例为 1.14%。从表 1-4 中可以看出，生物农药使用量与化学药剂相比还处于较低水平。在病害防治方面，真菌、细菌等微生物产品由于使用技术、产品性能、防治效果等因素，还不能得到农户的广泛认可；在防治害虫方面，天敌昆虫应用成本相对较高，与化学农药相比，速效性差，生产者往往不易接受，推广应用存在难度。天敌昆虫应用技术要求高，释放时间、释放数量、释放时棚室温度与湿度对天敌昆虫应用效果均具有较大的影响，任何一个环节出现问题都会影响应用效果，同时，天敌昆虫需要与其他防治措施的协同配套，才能达到预期目的，而目前大多数园区植保技术人员还很难改变对化学防治的倾向思维，防治病虫害力求短、平、快，用药量大，用药技术粗放，对农药残留、抗性风险及环境污染认识不足，加之天敌使用较为复杂且见效慢，导致基层人员对生物天敌热情不高，生防技术应用范围较小。

3. 植保专业化服务需求

调查表明，在北京市设施蔬菜水果种植面积较大的各区当中，昌平区植保社会化服务程度最高，11 个园区中有 6 个应用社会化服务组织开展植保服务，但主要集中在草莓生产上，用于番茄、青椒等茄果类和叶类蔬菜的占比很小。房山区其次，通州、大兴、顺义等其他区应用植保社会化防治面积较小。昌平区应用社会化防治的园区表示，专业化防治组织技术人员比较专业，病虫害诊断比较准确、及时，植保器械相对先进、专业，喷施农药用量少、效率高，对保障果蔬健康生产及提高农药使用效率效果明显。传统的农药喷施方式造成农药利用率低的原因是蔬菜产区普遍施药器械老旧落后，跑冒滴漏严重、效率低下，从业人员老龄化明显、一家一户"打药难"，导致农药使用量高，农药利用率低，造成农药残留、食品安全及环境污染等问题。未来，随着我国劳动力使用成本的提高，传统的依赖园区工人喷施农药的作业方式逐渐会被淘汰，而以社会化土肥植保服务为代表的新型农业服务模式将会得到更广泛的推广。

六、设施番茄化肥减量与土壤改良常用技术

结合北京地区设施番茄生产中施肥和土壤状况存在的问题，主要从精、调、改、替四方面开展化肥减量和土壤改良修复，包括测土配方施肥技术、有机肥替代部分化肥技术、水肥一体化技术、吊带式二氧化碳施肥技术、次生盐渍化土壤改良技术和土壤改良剂应用技术。

（一）测土配方施肥技术

以土壤测试和肥料田间试验为基础，根据作物需肥规律、土壤供肥性能和肥料效应，在合理施用有机肥的基础上，提出氮、磷、钾及中微量元素等肥料的施用数量、施肥时期和施用方法。测土配方施肥技术的核心是调节和解决作物需肥与土壤供肥之间的矛盾。

同时，有针对性地补充作物所需的营养元素，作物缺什么元素就补充什么元素，需要多少补多少，实现各种养分平衡供应，满足作物的需要；达到提高肥料利用率、减少肥料用量、提高作物产量、改善农产品品质、节省劳力、节支增收的目的。

（二）有机肥替代部分化肥技术

有机肥替代部分化肥技术是一项既能实现化肥减量、培肥土壤，还能促进畜禽粪便与秸秆资源化的农业技术。有机肥具有一定的养分含量，商品有机肥养分含量要求在 5% 以上，随着矿化会显著提高土壤有效养分含量以满足作物的部分养分需求，进而降低作物对化学有效养分的依赖。有机肥所含养分的种类丰富，包括大中微量元素、氨基酸、多肽等有益物质，促进作物根系生长，提高土壤微生物活性、作物对养分的吸收、养分利用率，进一步降低化肥用量。此外，施用有机肥会使土壤中有机质得到更新或提高，改善理化性状，提高土壤质量；实现农业有机废弃物的无害化资源化利用，减少农业面源污染。

（三）水肥一体化技术

水肥一体化技术是水和肥同步供应的一项农业技术，将可溶性固体或液体肥料配制成的肥液，借助压力系统，与水一起灌溉，根据土壤养分含量和作物种类的需肥规律与特点，均匀、定时、定量浸润作物根系发育生长区域。充分利用可控管道系统供水、供肥，通过管道和滴头形成滴灌，使水肥相融后，根据不同作物的需肥特点，使主要根系土壤始终保持疏松和适宜的含水量；把水分、养分定时、定量、按比例直接提供给作物，满足作物不同生长期需水、需肥规律，通过不同生育期的需求设计，从而达到提高作物品质、增产增收的目的。与大水漫灌、沟灌、膜下暗灌等相比，水肥一体化技术自动化程度高，可实现精确灌溉、精准施肥，具有节肥、节药、节水、节地、省工、改善土壤及微生态环境等优点。

（四）吊袋式二氧化碳施肥技术

二氧化碳气体是作物光合作用的重要元素，如供给不足会直接影响作物正常的光合作用。为了保持春夏季节设施室内温度，通风少，环境相对封闭，设施中二氧化碳浓度不能满足作物需要，严重时甚至低于二氧化碳补偿点，造成光合作用停滞。吊袋式二氧化碳气肥产品是粉末状固体，由二氧化碳发生剂和二氧化碳促进剂组成。使用时将二者搅拌均匀后，吊袋内产生的二氧化碳便从孔中释放出来，供植物吸收进行光合作用。此外，还能根据作物种类、生育阶段的不同，增减吊袋的数量，调节气孔大小，控制气体通量。该技术具有操作简便、使用安全、没有污染的特点，是实现蔬菜高产、优质、抗病的重要技术措施。

（五）次生盐渍化土壤改良技术

设施结构是封闭的人为系统，在蒸发蒸腾的作用下土壤中的水分不断向上运动，高温高湿的外界环境条件使得土壤中的微生物不断地分解各类养分，加上农户施肥积极性高，连茬过量施肥，进而造成土壤次生盐渍化。发生次生盐渍化的土壤，首先发板，不易耕种，费时费工；之后，作物缓苗慢，死苗率高，生长缓慢，植株矮小，最终导致产量下降和品质降低。相关土壤次生盐渍化的防治技术包括改种耐盐类的蔬菜作物、制定合理的施肥方案、增施秸秆、地膜覆盖、生物除盐、除盐改良剂等。

（六）土壤改良剂应用技术

土壤改良剂又称土壤调理剂，是指可以改善土壤物理性状，促进作物养分吸收，而本身不提供植物养分的一种物料。土壤改良剂原理是粘结微小土壤颗粒形成大且水稳定的团聚体。广泛应用于防止土壤受侵蚀、降低土壤水分蒸发或过度蒸腾、节水、促进植物健康生长等方面。例如，生物炭降低土壤容重，减轻土壤板结；多糖类改善土壤保水性和透气性，有利于土壤形成团粒结构；碱性硅酸盐类调节土壤孔隙状况；合成泡沫树脂类提高土壤保水性能；腐植酸类调节土壤酸碱度；抑盐剂减少盐分在地表积累。

七、设施番茄化学农药减量与病虫害全程绿色防控技术

蔬菜病虫害全程绿色防控，是北京市在新形势下提出的，其内涵是按照"绿色植保"理念，以病虫源头控制为核心，以控（理化诱控、生态调控）、替（生物天敌、微生物菌剂、植物源药剂、矿物源药剂等）、精（科学用药、精准施药、高效施药）、统（专业化服务）为关键要素，覆盖蔬菜产前、产中、产后全程的病虫害防控，以达到保障蔬菜产品质量安全和农业生态环境安全的目的。

全程绿色防控强调从播种到收获全生育期的保护，注重"预防为主，综合防控"。通过植物检疫，杜绝种子携带检疫性有害生物；通过控制农业投入品质量、土壤消毒、棚室消毒，消除病虫藏身之所，清剿病虫源头；通过健身栽培、选用耐抗性品种，提高作物自身抵抗力；通过蔬菜病虫监测预警，在病虫发生初期及时指导防治，提高防治效果；通过应用天敌昆虫、生物农药、理化诱控技

术，减少化学农药使用。

（一）理化诱控技术

1. 色板诱杀害虫技术

该技术是根据害虫对不同颜色的色板具有趋性将害虫诱捕杀灭的非药剂防治技术，经济有效。有翅蚜虫、温室白粉虱、烟粉虱、多种斑潜蝇、蕈蚊对橙黄、金黄、中黄色趋性最强；棕榈蓟马、花蓟马、西花蓟马对金黄色板和荧光蓝色板具有较强趋性。于害虫发生前期至初期按照 15 ～ 20 块 / 亩在蔬菜生长点上方 10 ～ 20cm 竖直悬挂 30cm × 40cm 的色板。利用色板诱杀可减少药剂防治 20% ～ 30% 的施药次数；同时，利用色板可以对蚜虫、蓟马、粉虱等的成虫进行监测，掌握害虫早期发生动态，及时指导天敌释放及施药。

2. 防虫网防虫技术

防虫网是一种用来防治害虫的网状织物，形似窗纱，具有拉力强度大、抗热、耐水、耐腐蚀、耐老化、无毒无味等特点，具有透光、适度遮光等作用，还具有抵御暴风雨冲刷和冰雹侵袭等自然灾害的作用。防虫网可有效控制各类害虫，如菜青虫、小菜蛾、甜菜夜蛾、斜纹夜蛾、棉铃虫、蚜虫、美洲斑潜蝇、白粉虱等直接为害，还可以控制由害虫传播的病害。此外，防虫网反射、折射的光对一些害虫还有一定的驱避作用。防虫网有不同规格，蔬菜生产用于防治大中型害虫通常使用 20 ～ 30 目，幅宽 1 ～ 1.8m；防治小型害虫则需要 40 目以上的防虫网才能发挥应有的效果，特别是防治烟粉虱等更小的害虫必须 50 目以上才能保证其防效。防虫网还有不同颜色，通常白色或银灰色的防虫网效果较好，如果需要强化遮光，可选用黑色防虫网。

3. 遮阳网防病增产技术

遮阳网又叫遮光网，是一种最新型的农、渔、牧业、防风、盖土等专用的保护覆盖材料，具有抗拉力强、耐老化、耐腐蚀、耐辐射、轻便等特点。夏季覆盖可起到遮光、挡雨、保湿、降温的作用，冬春季覆盖有一定保温增湿作用。遮阳网主要应用在夏季，北方多用于夏季蔬菜育苗和夏秋果菜生产，主要作用是防烈日照射、防暴雨冲击、防高温诱发病毒病、阻止病虫害迁移传播，尤其是对病虫害防控可发挥很好作用。主要用于蔬菜、花卉、食用菌、苗木、药材等作物的保护性栽培，以及水产和家禽养殖业等，对提高产量等有明显效果。

4. 太阳能杀虫灯防治害虫技术

太阳能杀虫灯白天将太阳能转换成电能，储存于免维护储能蓄电池内，晚间系统自动控制器件根据光照亮度自动开启高压电极网及趋光灯进行工作，紫外光对昆虫具有较强的趋光、趋波、趋色、趋性的特性和原理，确定对昆虫的诱导波长，利用放电产生的低温等离子体进行紫外光辐射对害虫产生的趋光兴奋效应，引诱害虫扑向等的光源，光源外配置高压击杀网，杀死害虫，达到杀灭害虫的目的。该灯诱杀害虫种类多，对天敌杀伤少，能耗低，每盏灯有效控制面积可达 30 亩，每茬可减少用药 2～3 次，直接诱杀成虫，可大大提高防治效果，同时避免喷洒农药使害虫产生抗药性和误杀害虫天敌。

5. 性诱剂防治害虫技术

性诱剂是通过人工合成制造出一种模拟昆虫性信息素的物质，

这种物质能散发出类似由雌虫尾部释放的一种气味，而雄性害虫对这种气味非常敏感。性诱剂一般只针对某一种害虫起作用，其诱惑力强，作用距离远。性诱剂诱杀害虫不接触植物和农产品，没有农药残留，不伤害害虫天敌，是现代农业生态防治害虫的首选方法。性诱控制害虫可通过两种方式：一种是迷向法，即在田间大量释放害虫性诱剂，使空气中始终弥漫性诱剂的气味，干扰雄虫寻找配偶，使雄虫因找不到雌虫交配而死亡；另一种是诱捕法，即在田间设置少量害虫性诱捕器，将雄虫引入诱捕器后杀灭，雌虫因找不到雄虫而无法交配繁殖后代，以达到控制害虫数量的目的。目前已有多种鳞翅目害虫的性诱捕器产品，使用方法为在成虫发生前或始发期每亩设置不等的数量，均匀放置，高度为植株上方 10 ～ 20cm，每个生长季换 1 ～ 2 个诱芯。

（二）生物防治技术

生物防治指有限地引进或保护增殖寄生性天敌、捕食性天敌和病原微生物等，以抑制植物病、虫、杂草和有害动物种群繁衍滋长的技术方法。如"以虫治虫""以菌治虫""以菌治病""生物治草"，在农业生物防治当中，天敌昆虫、微生物（真菌、病毒、线虫）等都是比较普遍的应用形式。生物防治技术具有解决病虫害抗药性及疑难病虫害防控的优势，能够大幅度降低化学农药的使用，降低农药残留，对于农产品质量安全和农业生态环境的改善至关重要。目前，北京市在设施蔬菜中应用的天敌品种达 13 种，可覆盖各类常发害虫 20 余种，成为化学农药减量最重要的途径之一。代表技术有瓢虫防治蚜虫、捕食螨防治叶螨、东亚小花蝽防治蓟马、丽蚜小蜂防治粉虱等。以菌治菌技术有木霉菌防治土传病菌、芽孢杆菌防治叶部病害、寡雄腐霉防治菌核病和晚疫病等。

1. 巴氏新小绥螨［*Neoseiulus barkeri*（Hughes）］田间应用技术

图 1-16　巴氏新小绥螨成螨

巴氏新小绥螨（图 1-16）是一种食性较广的捕食螨，除取食叶螨、粉螨等螨类外，还能取食蓟马等小型昆虫。整个生活史历经卵、幼螨、前若螨、后若螨和成螨 5 个发育阶段。幼螨不取食，若螨和成螨取食叶螨的各虫态。通过巴氏新小绥螨取食叶螨，来达到防治叶螨为害的目的。

（1）使用方法

① 针对露地作物释放，可选用挂袋法。将巴氏新小绥螨包装袋撕开，作为巴氏新小绥螨的释放出口，并将开口下部内折以防止雨水进入袋内，将包装袋悬挂于植株的茎或叶柄上，避免阳光直射和雨水灌入袋内。按规定的释放量将巴氏新小绥螨包装袋平均分布在释放区域。

② 在温室中释放时，除可选用挂袋法外，还可使用撒施法。撒施法是将巴氏新小绥螨包装袋剪开，将巴氏新小绥螨连同培养料一起均匀的撒施于植物叶片上，2 天内不要进行喷灌，以利于洒落在地面的捕食螨转移到植株上。

（2）注意事项

① 捕食螨不能与杀虫杀螨剂同时使用，如需防治其他害虫，应在植物保护专业技术人员指导下使用选择性药剂。

② 捕食螨为生物活体，不耐储存，建议及时使用，确须贮存时应置于 15 ～ 20℃的阴凉、防雨处。

③ 保质期。捕食螨产品在推荐的贮存方法下保质期为 10 天，如在 10 天以后使用，请先检查包装袋中的捕食螨数量，再相应增大亩用量。

④ 产品运输。运输时应避免阳光暴晒，不得与农药、肥料等物质同贮同运，不得挤压包装袋。

2. 东亚小花蝽［*Orius sauteri*（Poppius）］田间应用技术

东亚小花蝽（图 1-17）属半翅目花蝽科小花蝽属，东亚小花蝽若虫和成虫均可捕食蓟马（烟蓟马、西花蓟马等）、蚜虫（甘蓝蚜、桃蚜、槐蚜、桃粉蚜等）、叶螨（朱砂叶螨、二斑叶螨等）、粉虱（温室白粉虱、烟粉虱）、鳞翅目昆虫（棉铃虫、棉红铃虫等）的卵或低龄幼虫，以及叶蝉等，是非常好的生物防治物种。

图 1-17 东亚小花蝽成虫

（1）使用方法

① 释放时期。通过蓝板监测和人工观察确定释放时期。蓝板监测：发现两头蓟马成虫即开始防治。人工观察：作物定植后每天观察，一旦植株上发现蓟马，即应开始防治。

② 释放数量与次数。建议在作物的整个生长季节内，释放 2～3 次东亚小花蝽。温室内预防害虫发生，按照 0.5 头 / m² 的数量释放，14 天后再释放一次；害虫发生较轻时，按照 1～2 头 /m² 的密度释放，7 天后再释放一次；害虫发生严重时，按照 10 头 /m² 的密度释放。

③ 释放方法。可采用挂袋法或撒施法。挂袋法：傍晚或清晨

将东亚小花蝽释放器悬挂于植株的茎或叶柄上，避免阳光直射和雨水灌入袋内。撒施法：傍晚或清晨将瓶装产品连同培养料一起直接撒施于顶部叶片上，2天内不要进行喷灌，以利于散落在地面的东亚小花蝽转移到植株上。

（2）注意事项

① 东亚小花蝽各虫态对多种化学杀虫剂均敏感，如需防治其他害虫，应在植物保护专业技术人员指导下使用选择性药剂。

② 东亚小花蝽属于活体商品，产品不宜长时间储存，建议购买后及时使用；搬运或释放时轻拿轻放，减少伤害。

③ 释放后5天内应减少园艺和农事操作，降低东亚小花蝽受损量；如需打杈、采收，可轻抖叶片使天敌转移至植株上部。

3. 异色瓢虫［*Harmonia axyridis*（Pallas）］田间应用技术

异色瓢虫（图1-18）属昆虫纲鞘翅目瓢虫科。异色瓢虫的成虫一般能活2个月左右，越冬成虫可活7～8个月。是一种捕食性天敌，能捕食各类蚜虫，某些介壳虫、粉虱、木虱、螨类，以及某些鳞翅目、鞘翅目害虫的卵和低龄幼虫，对蚜虫有较强的抑制作用。幼虫和成虫均能捕食蚜虫，大龄幼虫平均每天捕食100多只蚜虫，其速度与使用化学农药相当。

图1-18　异色瓢虫成虫

（1）使用方法

① 释放时期。通过黄板监测和人工观察确定释放时期。黄板监测：出现2头蚜虫即开始防治。人工观察：作物定植后每天观

察，一旦植株上发现蚜虫，即应开始防治。

②释放数量与次数。建议在作物的整个生长季节内，释放 3 次瓢虫。预防性释放：以温室大棚为例，每棚每次释放 100 张卵卡，约 2000 粒卵。治疗性释放：需根据蚜虫发生数量进行确定，一般瓢虫与蚜虫的比例应达到 1∶（30 ～ 60），以蚜虫"中心株"为重点进行释放，2 周后再释放一次。

③释放方法。释放卵：傍晚或清晨将瓢虫卵卡悬挂在蚜虫为害部位附近，以便幼虫孵化后，能够尽快取食到猎物，悬挂位置应避免阳光直射。释放幼虫或成虫：将装有瓢虫成虫或幼虫的塑料瓶打开，将成虫或幼虫连同介质一同轻轻取出，均匀撒在蚜虫为害严重的枝叶上。

（2）注意事项

①瓢虫各虫态对杀虫杀螨剂均十分敏感，建议在释放瓢虫的前后 15 天内避免使用杀虫杀螨剂。

②瓢虫属于活体商品，产品不宜长时间储存；搬运或释放时轻拿轻放，以免对瓢虫造成人为伤害；释放时禁止将包装盒置于地面，以防蚁类侵害和人为操作造成损失。

③释放后 10 天内应减少园艺和农事操作，降低瓢虫受损量。

4. 龟纹瓢虫（*Propylaea japonica*）田间应用技术

龟纹瓢虫（图 1-19）属鞘翅目瓢虫科，是我国北方地区农业生产中一种重要的捕食性天敌昆虫，可捕食多种蚜虫，如烟蚜、禾谷缢管蚜、棉蚜、桃蚜、玉米蚜等，还可捕食棉铃虫、烟粉虱、棉叶蝉、

图 1-19 龟纹瓢虫成虫

褐飞虱、稻纵卷叶螟、褐软蚧等多种农林作物上的害虫。龟纹瓢虫具有耐高温、抗低温、发育历期短、适应性强、耐饥性强、捕食量大等特点，是防治多种蚜虫的有效天敌，具有重要的生物防治利用价值。

（1）使用方法

① 释放数量与次数。龟纹瓢虫的释放量需根据蚜虫发生数量进行确定，一般瓢虫与蚜虫益害比为 1：（20 ～ 30），整个生长季节释放 3 次，每次间隔 5 天。

② 释放方法。悬挂法（卵卡）：在蚜虫为害部位附近悬挂龟纹瓢虫卵卡，以便幼虫孵化后，能够尽快取食到猎物，卵卡固定在叶子背面，避免阳光直射。撒施法（成虫）：释放前需摇晃瓶体，打开包装盖，在蚜虫为害严重的区域，将瓢虫连同介质直接撒施在受害叶片，酌情加量释放。

（2）注意事项

参照异色瓢虫。

5. 烟盲蝽 ［*Nesidiocoris tenuis*（Reuter）］田间应用技术

烟盲蝽（图 1-20）属于半翅目盲蝽科，其食性广，可捕食粉虱、斑潜蝇以及鳞翅目昆虫的卵和初孵幼虫等。具有捕食能力强、适应性强、活动能力强等特点，对烟粉虱和温室白粉虱的成虫与若虫均有很强的捕食作用。成虫和 2 龄以上的各龄若虫均有捕食能力。每头烟盲蝽雌成虫每天可捕食 20 ～ 30 头烟粉虱若虫，可捕食 100 粒粉虱

图 1-20　烟盲蝽成虫

卵，是一种利用潜力巨大的捕食性天敌。

（1）使用方法

预防性释放

① 苗期释放。定植前 15 天，以 0.5 ～ 1 头 / m² 的密度在苗床上释放烟盲蝽，同时需投放人工饲料。

② 定植后释放。番茄苗定植 15 天后以 1 ～ 2 头 / m² 的密度在棚内释放烟盲蝽，同时需投放人工饲料。

防治性释放

① 释放时期。通过黄板监测和人工观察确定释放时期。黄板监测：出现 1 ～ 2 头粉虱成虫即开始防治。人工观察：作物定植后每天观察，一旦植株上发现粉虱，即应开始防治。

② 释放数量与次数。每平方米释放 2 ～ 3 头烟盲蝽，间隔 1 周释放一次，共释放 3 次。

③ 释放若虫或成虫。将装有烟盲蝽成虫或幼虫的塑料瓶打开，将成虫或幼虫连同介质一同轻轻取出，均匀撒在粉虱为害的枝叶上。

（2）注意事项

① 烟盲蝽若虫和成虫对化学杀虫剂均十分敏感，建议在释放烟盲蝽前后 15 天内避免使用化学杀虫剂。可正常使用大多数生物杀虫剂和杀菌剂。

② 烟盲蝽属于活体天敌商品，产品不宜长时间储存；搬运或释放时轻拿轻放，以免对天敌造成人为伤害；释放时禁止将天敌直接撒于地面，以防农事操作造成损失。

③ 释放后进行打杈、采收等农事操作时，可轻抖叶片使天敌转移至植株上部，避免将天敌带出棚外。

6. 丽蚜小蜂（*Encarsia formosa*）田间应用技术

丽蚜小蜂（图1-21）属膜翅目蚜小蜂科恩蚜小蜂属，是世界

广泛商业化的用于控制温室作物粉虱的寄生蜂。喜取食白粉虱2龄若虫和蛹；对烟粉虱的若虫和蛹取食嗜好性相同。在其12天的预期寿命中平均可杀死95个若虫。产卵偏好于两种粉虱的3龄、4龄幼虫以及预蛹期，在这些虫态的寄生

图1-21　丽蚜小蜂成虫

率最高。成虫每天可产5粒卵，死亡前共产60粒卵。

（1）使用方法

①释放时期。温室内出现粉虱成虫后释放，或看见粉虱若虫开始释放。

②释放数量与次数。悬挂卵卡，即单株粉虱0.5～1头，或1.5～6头/m²的虫量开始释放寄生蜂，隔7～10天释放一次，连续释放3～4次。丽蚜小蜂与粉虱数量比达1:（30～50）时，可以停止放蜂。放蜂后观察粉虱若虫被寄生的比率达到80%以上即可认为防治成功。

③释放位置。悬挂于番茄中部或底部老叶粉虱若虫多的部位。

④适宜温度：20～30℃。

（2）注意事项

为保证丽蚜小蜂防治效果，北方地区推荐在春夏茬或11月之前应用丽蚜小蜂。秋冬季节防止高湿或水滴润湿蜂卡，造成丽蚜小蜂窒息或霉变，不能羽化。大棚内应铺盖地膜，并正常通风，温度

应控制在白天 20 ~ 35℃、夜间 15℃以上，以提高防效。

7. 智利小植绥螨（*Phytoseiulus persimilis*）田间应用技术

智利小植绥螨（图 1-22）是国际上用于防治害螨的明星天敌产品。通常每头每天能捕食各螨态害螨 5 ~ 30 头。捕食能力最强的雌成螨对卵的捕食量更高达每头每天 60 ~ 70 粒。

图 1-22　智利小植绥螨

（1）使用方法

① 释放时期。在害螨害虫发生初期、密度较低时（一般每叶害螨或害虫数量在 2 头以内）应用天敌，害螨密度较大时，应先施用一次药剂进行防治，间隔 10 ~ 15 天后再释放天敌。

② 释放数量。温室内预防性释放：每 400 m² 撒施 3000 头。温室内治疗性释放：撒施，每 400m² 释放 1 万 ~ 1.5 万头，中心株重点释放。露地释放：1 万头 / 亩。

③ 天气晴朗、气温超过 30℃时宜在傍晚释放，多云或阴天可全天释放。

（2）注意事项

杀虫剂、硫黄熏蒸会影响智利小植绥螨的繁殖力，降低防效，甚至致死。

8. 松毛虫赤眼蜂（*Trichogramma dendrolimi* Matsumura）田间应用技术

松毛虫赤眼蜂是一种卵寄生蜂，生活周期短，在 25 ~ 28℃条件下完成一个世代一般仅需 10 ~ 12 天。对玉米螟、棉铃虫、松毛

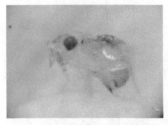

图 1-23　赤眼蜂成虫正在产卵

虫、苹果卷叶蛾类、食心虫类有特效，防效一般在 80% 以上。图 1-23 为赤眼蜂成虫正在产卵。

（1）使用方法

① 大田作物。一般轻发生在卵初盛期每亩放蜂一次 1 万头；中等发生亩放蜂 2 次，累计每亩放蜂 2 万～ 3 万头；大发生放蜂 3 次，累计每亩放蜂 3 万头以上或更多。

② 果树、蔬菜作物。由于害虫产卵期比较长，亩放蜂量一般 4 万～ 6 万头，分 3 次放蜂，在害虫产卵初期开始放蜂，每次放蜂间隔 5 ～ 7 天。

（2）注意事项

① 准确掌握蜂卵发育进度，释放到田间一天内即大量出蜂。

② 放蜂器具要防止阳光直射，放蜂时注意用植物叶片遮挡。

③ 放蜂时如遇小雨，可冒雨放蜂。如遇大雨可放在阴凉处平摊开，雨停后立即放蜂。

④ 放蜂时，如针对矮小植株，放蜂器具尽量放在植株上部；针对高大植株，放蜂器具放在植株中上部。

9. 螟黄赤眼蜂（*Trichogramma chilonis* Ishii）田间应用技术

螟黄赤眼蜂属膜翅目小蜂总科纹翅卵蜂科赤眼蜂属，是寄生害虫卵的小型蜂类。螟黄赤眼蜂主要用于防治棉铃虫、大豆食心虫、稻纵卷叶螟、小菜蛾、甘蔗螟虫、水稻二化螟、玉米螟、甘蓝夜蛾、菜青虫等。螟黄赤眼蜂生活周期短，在 25 ～ 28℃条件下完成一个世代一般仅需 10 ～ 12 天。

（1）使用方法

设施蔬菜每亩放蜂 4 万～ 6 万头，连续释放 3 次。

（2）注意事项

参考松毛虫赤眼蜂。

（三）精准施药技术

应选择科学合理的配药量具，包括 5 ～ 10 mL 一次性注射器，50 mL、500 mL 量杯，10L 水（药液）箱，0.1 ～ 10g 固体量具，药勺，清洁刷，胶皮手套，施药服等，可减少药液浪费，避免随意配制药液造成农药残留超标和人员伤害。高效精准的施药设备包括常温烟雾施药机、弥雾机、弥粉机、静电喷雾器等，可根据农药不同的性质和剂型，使用对应的施药设备，达到施药均匀、扩散性好、药剂附着沉积率高的效果，省工、省力、污染低，可显著提高农药利用率和防治效果，减少农药对环境的污染。

（四）专业化服务

专业化服务是在"公共植保，绿色植保"的理念指导下，由各级植保部门扶持、引导、组建或由个人、集体自发组建的植保服务组织开展的病虫害防治服务工作。相比于传统"一家一户"的病虫害防治方式，植保专业化服务具有六方面优势：一是人员专业，具备丰富的专业知识和操作经验；二是方案科学，防治精准、效果明显。三是器械设备先进，作业效率高、农药利用率高、处理效果好；四是技术推广灵活，易于被种植者接受；五是应急防控及时，有效保障生产安全；六是服务链条全面，易于大面积应用，为种植者节省成本。

第二章

设施番茄土壤栽培减肥减药技术与模式

一、化肥减量与土壤改良技术

（一）确定土壤基础养分

1. 采集土样

在作物收获后或定植施底肥前集中采集土壤样品，按照"随机""等量""多点混合"的原则进行采样。塑料大棚内按"Z"形采样（图2-1），如取土时还未整地，取土位置应在番茄栽培垄上，详见图2-2。采样前，先清除地表植物残留物、石块等杂物。将取土器垂直于地面入土，深度相同（0～20cm），尽量选用不锈钢取土器采样。取土铲取样则先铲出一个耕层断面，再平行于断面下铲取土。每个设施取5～10个样点混合，每个采样点的取土深度和采样量均匀一致，混合后取样1kg为宜。

若土样重量不足，则继续重复"Z"形路线增加采样点数。为确保化验结果的准确性，采集下一个土壤样品前，需将取样工具上残留的土壤清理干净。每一份土样对应一张采样标签卡，标签卡用铅笔写明样品类别、名称、样品编号、采样地点、采样深度、采样日期、采样人等。

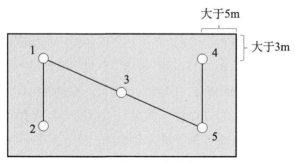

图 2-1 "Z"形采样布点图

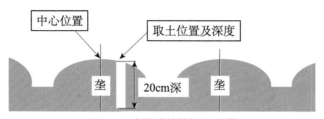

图 2-2 未整地地块取土位置

2. 土样制备

采回的土壤样品带回室内，放置于干净牛皮纸上，摊成薄薄的一层，置于干净整洁的室内通风处自然风干，避免暴晒。风干过程中，要经常翻动土样并将大土块捏碎以加速干燥，同时剔除土壤以外的杂质，如植物残体、石块。风干后充分混匀，用四分法将多余的土壤弃去。将土样铺成圆饼形，沿直径方向将土样分成相等的 4 份，把对角的两份分别合并，最终形成两份，每份约 500g，保留一份，送检测一份（图 2-3）。

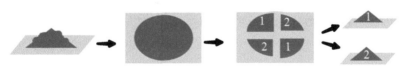

图 2-3 四分法

3. 土样送检

农户可将土壤样品委托给有检测资质的检测机构测试，并要求出具检测报告。常规指标包括有机质、全氮、碱解氮、有效磷和速效钾。也可根据实际情况，向当地农技人员或检测机构咨询，选测其他指标，如 pH 值、EC 值、容重、中微量元素含量等。对于同一地块，土壤碱解氮可每季或每年检测一次，有效磷和速效钾每 2～3 年检测一次，中微量元素每 3～5 年检测一次。

土壤样品检测可参考以下方法：有机质用重铬酸钾容量法测定；全氮用自动凯氏定氮仪法测定；碱解氮（水解性氮）用碱解扩散法测定；有效磷用碳酸氢钠浸提—钼锑抗比色法测定；速效钾用火焰光度法测定；pH 值（土壤酸碱度）用电位法（水土比 5∶1）测定；电导率（EC 值）用电导仪测定法（水土比 5∶1）测定；容重用环刀法测定；有效钙和有效镁用乙酸铵交换—原子吸收分光光度法测定；有效硫用硫酸钡比浊法测定；有效铜、有效铁、有效锰和有效锌用二乙三胺五乙酸（DTPA）浸提法测定；有效硼用姜黄素比色法测定；有效钼用极谱法测定。

4. 等级确定

根据需求，将测试结果与相关分级标准（表 2-1 至表 2-6）进行比对，确定土壤各指标等级。土壤养分分级共分六级，一级最高，六级最低。中量元素和微量元素共分五级，一级最高，五级最低。EC 值是电导率，常用于表征土壤溶液可溶性盐的浓度，轻度盐渍化指一般作物生长正常，对盐分敏感作物产量可能受影响；中度盐渍化指多数作物生长受阻，对耐盐作物无影响；重度盐渍化指对耐盐作物及其产量有极大影响；盐渍土则表示仅极少数耐盐作物能生长。

表 2-1 中国土壤养分分级标准

级别	有机质 （g/kg）	全氮 （%）	碱解氮 （mg/kg）	有效磷 （mg/kg）	速效钾 （mg/kg）
1	≥ 40	≥ 0.20	≥ 150	≥ 40	≥ 200
2	30（含）～ 40	0.15（含）～ 0.20	120（含）～ 150	20（含）～ 40	150（含）～ 200
3	20（含）～ 30	0.10（含）～ 0.15	90（含）～ 120	10（含）～ 20	100（含）～ 150
4	10（含）～ 20	0.07（含）～ 0.10	60（含）～ 90	5（含）～ 10	50（含）～ 100
5	6（含）～ 10	0.05（含）～ 0.75	30（含）～ 60	3（含）～ 5	30（含）～ 50
6	＜ 6	＜ 0.05	＜ 30	＜ 3	＜ 30

数据来源：全国第二次土壤普查。

表 2-2 北京郊区菜田土壤肥力评级标准

项目	分级标准				
养分含量	极低	低	中	高	极高
有机质（g/kg）	＜ 15	15（含）～ 20	20（含）～ 25	25（含）～ 30	≥ 30
碱解氮（mg/kg）	＜ 100	100（含）～ 200	200（含）～ 300	300（含）～ 400	≥ 400
有效磷（mg/kg）	＜ 30	30（含）～ 60	60（含）～ 90	90（含）～ 130	≥ 130
速效钾（mg/kg）	＜ 125	125（含）～ 150	150（含）～ 200	200（含）～ 250	≥ 250

数据来源：《北京土壤》。

表 2-3 设施果类蔬菜土壤磷钾养分丰缺指标 （单位：mg/kg）

作物	元素	肥力等级				
		极低	低	中	高	极高
辣椒	有效磷	＜ 50	50（含）～ 100	100（含）～ 150	150（含）～ 200	≥ 200
番茄		＜ 80	80（含）～ 100			
茄子						
黄瓜		＜ 120	120（含）～ 160	160（含）～ 200	200（含）～ 240	≥ 240
果菜	速效钾	＜ 70	70（含）～ 100	100（含）～ 180	180（含）～ 300	≥ 300

数据来源：《中国主要作物施肥指南》。

表 2-4 中量元素分级　　　　　　　（单位：mg/kg）

级别	有效钙	有效镁	有效硫
1	≥ 1000	≥ 300	≥ 30
2	700（含）～ 1000	200（含）～ 300	16（含）～ 30
3	500（含）～ 700	100（含）～ 200	< 16
4	300（含）～ 500	50（含）～ 100	
5	< 300	< 50	

数据来源：全国第二次土壤普查。

注：有效钙（NH_4OAc 提取）临界值 800mg/kg，有效镁（NH_4OAc 提取）临界值 120mg/kg。

表 2-5 微量元素分级　　　　　　　（单位：mg/kg）

级别	有效硼	有效锰	有效铁	有效钼	有效锌	有效铜
1	> 2.0	> 30	> 20.0	> 0.30	> 3.0	> 1.8
2	1.0 ～ 2.0（含）	15 ～ 30（含）	10.0 ～ 20.0（含）	0.20 ～ 0.30（含）	1.0 ～ 3.0（含）	1.0 ～ 1.8（含）
3	0.5 ～ 1.0（含）	5 ～ 15（含）	4.5 ～ 10.0（含）	0.15 ～ 0.20（含）	0.5 ～ 1.0（含）	0.2 ～ 1.0（含）
4	0.2 ～ 0.5（含）	1 ～ 5（含）	2.6 ～ 4.5（含）	0.10 ～ 0.15（含）	0.3 ～ 0.5（含）	0.1 ～ 0.2（含）
5	≤ 0.2	—	—	≤ 0.10	≤ 0.3	—

数据来源：全国第二次土壤普查。

注：有效硼临界值 0.5 mg/kg，有效钼临界值 0.15 mg/kg，有效锌临界值 0.5 mg/kg，有效铜临界值 0.2 mg/kg。

表 2-6 容重、盐分与 pH 值分级

项目	性质	指标	项目	性质	指标
pH 值	强酸性	< 4.5	容重（g/cm³）	过松	< 1.00
	酸性	4.5（含）～ 5.5		适宜	1.00（含）～ 1.25
	微酸性	5.5（含）～ 6.5		偏紧	1.25（含）～ 1.35
	中性	6.5（含）～ 7.5		紧实	1.35（含）～ 1.45
	弱碱	7.5（含）～ 8.5		过紧实	1.45（含）～ 1.55
	碱性	≥ 8.5		坚实	≥ 1.55
EC 值（mS/cm）	非盐渍化	0.2（含）～ 0.5	盐分总量（g/kg）	非盐渍化	< 3
	轻度盐渍化	0.5 ～ 0.8		轻度盐渍化	3（含）～ 5
	中度盐渍化	0.8 ～ 1.5		中度盐渍化	5（含）～ 10
	重度盐渍化	1.5（含）～ 2.2		重度盐渍化	10（含）～ 20
	盐渍土	≥ 2.2		盐渍土	≥ 20

（二）判断土壤状况

结合农户调查反馈和取土化验，通过经验法、目测法、仪器测定等方法判断设施菜田土壤存在的障碍因子，以便对症下药。

1.判断土壤质地

田间可采用手测法，即取少量土于手掌中，加水充分湿润，调匀，至土壤刚刚不黏手为止。用手指来回揉搓，使土壤吸水均匀，根据搓条过程中土壤的表现来确定质地，见表2-7。

表2-7　手测法对应土壤质地

类型	表征
砂土	不能成形，手捏成团，但一松就散
砂壤土	勉强捏成片状，可搓成表面不光滑的小球，但搓不成细条
轻壤土	可捏成短片，片面较平整，可搓成土条，但提起后易撕裂
中壤土	可捏成较长薄片，片面平整光滑，可搓成土条，但弯成小圈即断裂
重壤土	可捏成较长薄片，片面光滑反光，可搓成土条，可弯成小圈，但压扁有裂缝

2.判断土壤是否板结

造成土壤板结的原因有很多，如母质质地黏重，耕作层浅；长期单一偏施化肥，忽略有机肥投入；集约化连茬种植等。土壤板结导致孔隙度减少，通透性差，保水保肥能力减弱，从而抑制根系下扎、生长和吸收养分。可选用土壤紧实度仪判断土壤板结，测定土壤0～20cm的紧实度，可参见表2-8。分值越低，紧实度越高，土壤越板结；反之，土壤越疏松。

表2-8　0～20cm土壤紧实度对应分值

土壤紧实度（kPa）	分值
≥2000	20

土壤紧实度（kPa）	分值
1500（含）～ 2000	40
1000（含）～ 1500	60
500（含）～ 1000	80
＜ 500	100

3. 判断土壤是否次生盐渍化

肥料过量投入是造成土壤次生盐渍化的主要原因。养分投入量远远超过作物所需量，未被作物吸收利用的养分和大量肥料的副成分残留于土壤中，导致土壤发生次生盐渍化。北京地区新建的设施在第 3 年或第 4 年就出现了土壤次生盐渍化，5 年以上的老设施大棚土壤电导率超标率远高于新建设施，并有逐年加重的趋势。

判断设施土壤是否发生次生盐渍化，通常采取以下两种方法。一是经验目测法。当土壤含水量低，土表有明显的白色粉状盐霜，易板结，破碎后呈灰白色粉末状；当土壤含水量高，土表出现坚硬的结皮层，且有无规律零星点状或连片砖红色粉状物，或紫红色胶状物，并伴随绿苔（图2-4）。二是取土测定 EC 值，判定土壤次生盐渍化发生程度，参考前文表 2-6。

图 2-4　发生次生盐渍化的土壤

（三）肥料种类的选择

1. 原　则

根据生产需求选择适宜的肥料种类，不仅能够提高肥料的利用率，还能确保投入品清洁和农产品品质，杜绝有风险的物质进入食物链。目前，无论是有机肥料、微生物肥料，还是非微生物肥料，都需要获得农业农村部或省级肥料主管部门颁发的肥料登记证和备案许可，方可进入市场流通。生产中，严禁将污泥、粉煤灰、钢渣、炉渣、木焦油、脱硫石膏等工业废弃物作为肥料，禁止使用未经农业农村部或省级肥料主管部门登记备案的肥料。

农户在选择肥料产品时，看包装标识是否标明产品名称、生产许可证、肥料登记证号、执行标准号、养分总含量与养分配合式、使用方法、净重、生产企业名称、生产地址、联系方式，以及包装袋内是否有产品合格证等，标识不全有可能是伪劣产品，具体可参考 GB 18382—2001《肥料标识　内容和要求》。

2. 有机肥料

有机肥料主要来源于植物或动物，经过发酵腐熟的含碳有机物料，其功能是改善土壤肥力，提供植物营养、提高作物品质。

（1）作　用

提供多种养分，促进作物生长　有机肥中含有大量的植物营养元素如碳、氮、磷、钾、硼、钼、锌、锰、铜等，同时还含有丰富的有机质和生长激素等。有机肥在矿质化过程分解产生的二氧化碳为植物碳素营养的重要来源，还是土壤氮、磷的重要营养库，是作物所需氮、磷的主要来源。然而，有机肥养分释放较慢，不能及时满足蔬菜需求，需要将有机肥与化肥配合施用。

改良土壤结构，增强土壤肥力　施用有机肥料能够提高土壤有机质含量，更新土壤腐殖质的组成，培肥土壤。土壤有机质是土壤肥力的重要指标，是形成良好土壤环境的物质基础。施入土壤中的有机物料，在微生物作用下，分解转化成简单的化合物，同时经过生物化学的作用又重新组合成新的、更为复杂的、较稳定的大分子高聚有机化合物，即腐殖质。由于腐殖质的交换量大，因此对土壤保肥能力有巨大影响。土壤中腐殖质数量增多，将明显增强土壤保蓄养分的能力。施用有机肥能够降低土壤容重，创造疏松、通气良好的根层环境，利于蔬菜根系发育和下扎。

增加土壤微生物数量　有机肥分解产生的养分不仅供作物吸收利用，也是土壤微生物生命活动所需养分的源泉。土壤有机质分解产生的碳，为土壤微生物提供充足的碳源。土壤腐殖质不仅改善土壤的理化性状，也能营造良好的土壤环境，利于微生物种类增加、数量增多及生命活力增强。

促进植物生长　在一定浓度下，腐植酸类肥可通过改变植物体内糖类代谢，促进还原糖的积累，提高细胞渗透压，增强作物的抗旱能力，促进植物的生长。有研究表明，胡敏酸的稀溶液能促进过氧化氢的活性，加速种子发芽和养分的吸收过程，从而促进植物的生长速度。

提高自净能力，净化土壤环境　施用有机肥料后，可大大减轻土壤中有毒物质对作物的毒害。有机肥料能提高土壤阳离子的代换量，增加对重金属的吸附，同时有机质分解的中间产物与重金属元素螯合作用形成稳定性络合物而减少重金属的危害，络合物可溶于水，易于从农田中排出，从而减少环境风险。

（2）种　类

按来源分为粪尿类、堆沤肥类、秸秆肥类、土杂肥类、饼肥类、腐殖质类、沼肥类，主要以鸡粪、牛粪、羊粪、猪粪、秸秆、蘑菇渣、园林废弃物等为原料的有机肥。

按养分有效性可分为速效（鸡鸭等禽粪类、猪粪类）、中效（牛羊等畜类粪、堆肥、绿肥类）和缓效（秸秆类），有机肥中 C/N

越低越速效，反之越高则越缓效。也就是说原材料中含碳量越低、含氮量越高，则越速效，反之则为缓效。

按功能分为普通有机肥料和功能性有机肥料。

按形态分为固态（多作基肥）和液态（可作基肥或追肥）。

（3）选 择

根据菜地养分状况选择 新建设施菜田土壤各类养分指标较低，不足以满足果类蔬菜生产的需求；部分设施在建造初期还将熟化的表土移出，更不能直接用于生产。推荐采用经过充分发酵的、合格、优质的商品有机。新建设施菜田以熟化土壤、改良土壤结构和提高土壤肥力为主，建议选择以鸡粪和猪粪类为发酵原料的有机肥，养分含量高。5 年以上的老设施菜田土壤理化性状则相反，连茬种植土壤出现了次生盐渍化、酸化、板结、连作障碍等质量退化的问题，土壤 C/N 低，各项养分指标达到高或极高水平，土传病害猖獗。建议老设施菜田多选用以牛羊粪、秸秆为发酵原料的中效、缓效有机肥，补充碳源提高土壤 C/N，增加秸秆类物质减轻土壤板结和次生盐渍化，维持土壤可持续使用；病虫害严重的地块，可增施带有生防功能的微生物肥料（如含枯草芽孢杆菌、木霉菌）、腐植酸等功能型有机肥，改善土壤微生态平衡。

根据园区农产品定位选择 对于生产有机番茄和绿色番茄的园区，需要更加注意有机肥的选择。GB/T 19630.1《有机产品 第 1 部分：生产》中明确规定了有机植物生产中允许使用的投入品，包括经过堆制并充分腐熟畜禽粪便及其堆肥、畜禽粪便和植物材料的厌氧发酵产品（沼肥）等。NY/T 394《绿色食品 肥料使用准则》中，规定 AA 级绿色食品允许使用的有机肥包括农家肥（堆肥、沤肥、厩肥、沼气肥、绿肥、作物秸秆肥、泥肥、饼肥）、商品肥料（商品有机肥、腐植酸类肥、微生物肥料）。禁止使用城市垃圾、污泥、医院的粪便垃圾和含有害物质的工业垃圾，垃圾类有机肥中常含有重金属和放射性物质等污染物。建议采用缓效有机肥作为基肥，速效有机肥作为追肥，也可选用市面上效果较好的液态有机肥，如腐植酸、海藻肥、鱼蛋白等。

（4）施用量

国际上对有机肥施用量的确定，主要有两种限制规定：一是以英国为代表的，基于氮含量进行有机肥用量推荐，规定有机肥施用量每年不允许超过 11.3kg N/亩。欧盟要求有机肥施用量为 10 ～ 17kg N/（亩·年）；美国也以作物需氮量确定有机肥的施用量，并提出当土壤有效磷含量超过 50mg/kg 时，为避免磷素累积的环境风险需要减少有机肥的施用。二是以瑞典为代表的，基于磷含量进行有机肥用量推荐，规定有机肥施用量每年不允许超过 1.5kg P/（亩·年），荷兰要求不超过 3.6kg P/（亩·年）。详见表 2-9。

目前，我国没有相关条例规定有机肥带入的氮磷量，但对有机肥的预警限量和果类蔬菜有机肥氮素量进行了推荐。

根据设施菜田土壤肥力和有机肥特性使用有机肥 新建设施菜田或低肥力的土壤，以培肥为目标为主，施用以鸡粪、猪粪等养分含量较高原料发酵的有机肥，短期内（2 ～ 3 年）每年可用 2 ～ 3t/亩；施用粪肥、堆 5 ～ 7m³/亩（3m³ 合 1t）。老设施菜田、过砂、过黏、次生盐渍化严重或高肥力的土壤，应以维持有机质平衡及给作物缓慢提供养分为主，施用养分含量较低并改善土壤结构为主的有机肥，如秸秆、牛粪等原料加工的有机肥，中长期内（3 ～ 5 年）每年可用 1 ～ 2t/亩；或施用 2 ～ 3m³ 粪肥，配施 2m³ 秸秆。

根据作物类型确定有机肥用量 果类蔬菜有机肥施用量每亩每年不超过 2 ～ 3t，过量施用有机肥会造成土壤氮、磷环境风险，引发农业面源污染。

表 2-9　有机肥施用量推荐

氮含量	磷含量	用量	发布者
4 年以下的农田不超过 17kg /（亩·年）；4 年以上的农田不超过 11.3kg /（亩·年）；有机态氮不超过作物需氮量的 50% ～ 60%			英国农业部
不超过 11.5kg /（亩·年）（粪肥）			欧盟
7 ～ 10kg /（亩·年）（厩肥）		3 ～ 5 年的农田不超过 4000kg/ 亩；5 ～ 10 年的农田不超过 1300kg/ 亩（50% 水分的牛粪）	加拿大
10 ～ 17kg /（亩·年）			法国、意大利、德国等
	不超过 1.5kg /（亩·年）		瑞典
耕地限制标准 11.3kg /（亩·年）	不超过 3.6kg /（亩·年）		荷兰
		预警限量 2000 ～ 3000kg/（亩·年）	中华人民共和国生态环境部
果菜有机肥氮素推荐量不超过 20kg /（亩·年）			中国（张福锁，2009）

（5）施用时间

有机肥在土壤中的释放呈抛物线状，包括释放速率持续上升、下降和迟滞 3 个阶段。缓效、养分含量低、粗杂类有机肥见效慢，施用时需要考虑养分释放时间提前施用，一般在作物定植前 15 ～ 30 天一次性基施，可避免盐害。速效类的有机肥，可结合蔬菜关键需肥期进行追施，此时需考虑土壤的保肥能力和淋溶风险适当减量。

（6）施用方法

基施撒施。在地表均匀撒施腐熟、细碎的优质有机肥，深翻20cm混入土中进行全园改良，耙碎、整平后做畦定植，该方法简单省力。

条施、穴施、集中施用。条施、穴施的关键是把养分施在根系，促使根系有效地吸收养分。集中施用可有效发挥磷素养分；施肥位置应根据作物吸收肥料的情况而改变，距定植穴至少5cm，避免烧苗。

追肥。目前，市场上已有许多液体有机肥（如功能型有机肥）可随滴灌施用。液体有机肥中大量缓效养分释放需要一定时间，同化肥相比施肥时间要提前 5～10 天。固体有机肥可采用铺肥追施的方式，当番茄长至 3～4 片叶时，将晾干制细的肥料均匀撒到菜地内，及时浇水；或开沟条施水肥，避开植物根系，覆土后及时浇水；或开穴追肥。

（7）存在的问题

由于有机肥原料种类繁多、来源复杂，个别原料里可能会掺杂某些有害物质，如抗生素、重金属等物质。据报道，进入动物体内的抗生素约 60%～90% 随粪、尿等排泄物排出，其作为有机肥施入农田，会对土壤、水体等环境产生不良影响，并通过食物链对生态环境产生毒害作用，影响植物、动物和微生物的正常生命活动，最终影响人类的健康。随着铜、锌、砷等微量元素作为饲料添加剂在规模化畜禽养殖中的广泛使用，加之畜禽对微量重金属元素吸收利用率低，这些重金属元素大部分积累在畜禽粪便中。我国每年使用的微量元素添加剂为 15 万～18 万 t，大约有 10 万 t 未被动物利用而随着畜禽粪便进入环境。因此，在有机肥合理使用以及替代化肥过程中，需要高度注意避免由于有机肥中有害物质残留过量，引发土壤污染、食品安全和人类健康安全。

长期过量使用有机肥造成土壤养分富集，尤其是磷钾养分的富集是设施土壤老化的重要标志。有研究表明，设施和露天菜地 0～200cm 土层的有效磷累积总量分别为 65.2kg/hm^2 和 33.5kg/hm^2，比粮田高出 6.2 倍和 2.7 倍。菜地中主要富集的是硝态氮，由于其移动性强且不能为土壤胶体所吸附，遇强降雨就会随地表径流和渗漏等方式进入菜地周围的湖泊和河流等地表水体中。此外，农田土壤磷的渗漏是磷素流失的重要方式之一，随着有机肥用量增加，土壤有效磷（Olsen-P）、水溶性磷、土壤磷的吸附饱和度及土壤灌溉滞留水可溶性磷含量均显著增加。鲁如坤提出，Olsen-P 为 50～70mg/kg 是农田磷通过渗漏污染水源的大致临界指标。

3. 微生物肥料

微生物肥料含有特定微生物活体的制品，应用于农业生产，通过其中所含微生物的生命活动，增加植物养分的供应量或促进植物生长，提高产量，改善农产品品质及农业生态环境。

（1）作 用

微生物生长繁殖需要养分，以无机物为养分的微生物生长非常缓慢，对土壤形成过程影响相对也慢。以有机物为养分的微生物生长繁殖非常快，能迅速形成大量的菌体和代谢产物。这些代谢产物可供植物直接吸收，供植物生长并形成许多风味物质。有的在成壤过程中发挥作用，使土壤具有保水、保气、保肥、保温的功能，提高农田土壤质量；有的分泌一些代谢产物，如有机酸、多糖等，活化被土壤固定的磷、钾等元素，增加无机矿物质的溶解性，供植物吸收；有的通过微生物大量繁殖，分泌抗菌物质，抑制或减少病原菌微生物，并限制了病原微生物的繁殖，减少农田病害。简单来说，微生物肥料的作用包括提供或活化养分、产生促进作物生长活性物质、促进有机物料腐熟、改善农产品品质、增强作物抗逆性、改良和修复土壤。

（2）种　类

微生物肥料主要包括农用微生物菌剂、生物有机肥和复合微生物肥料三大类。

农用微生物菌剂又称菌剂、功能微生物菌剂，是由一种或一种以上的目的微生物经工业化生产增殖后直接使用，或经浓缩或经载体吸附而制成的活菌制品。主要有固氮、解磷、解钾，以及腐解秸秆、腐熟畜禽粪便、改善土壤环境等功能，如根瘤菌菌剂、固氮菌菌剂、解磷微生物菌剂、硅酸盐微生物菌剂、光合细菌菌剂、有机物料腐熟剂、微生物浓缩制剂、促生菌剂、菌根菌剂、生物修复菌剂（土壤修复菌剂）等。农用微生物菌剂按剂型分为固体（粉剂、颗粒）和液体类型，执行标准 GB 20287《农用微生物菌剂》。

生物有机肥是目的微生物经工业化生产增殖后与主要以动植物残体（如畜禽粪便、农作物秸秆等）为来源，并经无害化处理的有机物料复合而成的活菌制品。生物有机肥既有传统有机肥的特征，又有生物肥的特点，相比于单纯的生物肥或以无机质为载体的生物菌剂效果更好。生物有机肥按剂型分为粉剂和颗粒两种，执行标准 NY 884《生物有机肥》。

复合微生物肥料是目的微生物经工业化增殖后与营养物质复合而成的活菌制品。复合微生物肥按剂型分为液体、粉剂和颗粒型，执行标准 NY/T 798《复合微生物肥料》。

（3）选　择

根据菜地养分状况选择　氮素高的土壤施用固氮菌、根瘤菌，效果不够明显；总磷含量高、有效磷低的土壤，施用解磷肥料再配施有机肥，可连续不施用可溶性磷肥也不会出现缺磷症状；对钾需求较高的作物，可配施一定量的生物钾肥，节约化学钾肥的施用量，并大幅改善作物品质的效果。

根据生育期选择 设施番茄生产中，以选用芽孢杆菌（细菌类）、溶磷解钾为主要功能的微生物肥料为佳。育苗和移栽可选用液体微生物肥料，先拌入育苗基质中，或在移栽小苗时，将小苗在液体微生物菌剂中蘸根再栽入田块。整地施肥时，既可选用粉状的微生物肥料，又可直接选用液体菌剂，随水浇灌、滴灌或喷施都可以，简单省事。开花后期和结果期，选用分泌胞外多糖的液体硅酸盐菌剂喷施，可减少落花落果，从而增加产量，提高甜度。

判断微生物肥料小窍门 农户可采用"看、闻、摇"的方式，快速判断微生物肥料的质量。"看"，生物有机肥大多呈深咖啡色；"闻"，不臭；"摇"，取一小把肥料放入塑料瓶中，用棍搅拌将其用水溶开，静置数分钟，观察塑料瓶中肥料的分层现象。上层浮起的物质越多，中层为深咖啡透明液体，下层沉淀越少，说明生物有机肥质量越好；反之，则是不太好的生物有机肥。

（4）施用量

施用微生物肥料要提供一定的有机质，最好两者配施。有机质是微生物赖以生存的粮食。有机质高的土壤施用微生物肥料的效果显著，缺乏有机质的土壤单独施用微生物肥料效果欠佳。因此，微生物肥料应和一定数量的有机肥一同施用。

固态菌剂亩用量 2kg，可与有机肥混合均匀施用；液体菌剂用于拌种、移苗蘸根，稀释 10～20 倍；喷施、滴灌、浇灌可稀释 100～200 倍，如配合浇水也可稀释 500～800 倍；水培液中循环培养液稀释 800～1000 倍施用。追肥一般每亩每次施用菌剂

200 ～ 500mL，稀释适当倍数后施用。我国生物有机肥中90%以上都是芽孢杆菌，主流芽孢杆菌是以枯草芽孢杆菌为主的10余种芽孢菌，亩推荐用量为200 ～ 500kg/ 亩。固态复合微生物肥料作基肥或追肥时，亩用量 10 ～ 20kg，与有机肥一起施入；作叶面喷施，一般稀释 500 倍液或按说明书要求的倍数稀释。

（5）施用时间

以常用的生物有机肥为例，施用时需要考虑养分释放时间提前施用，当用作基肥时，一般在作物定植前15 ～ 30 天一次性施入；若用作喷施，选择阴天无雨的日子或晴天下午以后喷施于植株上部叶背。

（6）施用方法

施用微生物肥料时要注意温湿度的变化，在高温干旱条件下，微生物生存和繁殖会受到影响，不能充分发挥其作用。适宜施用的时间是清晨、傍晚或无雨阴天，并结合覆土浇水等措施，以避免阳光中的紫外线将微生物杀死。

蘸、喷、灌、撒、机播等不同施肥方式，要选用不同剂型的微生物肥料。例如，拌种、蘸苗、喷施宜选用液态剂型；机播宜选用造粒剂型；穴施、沟施、条施、撒施则选用粉剂和造粒剂型均可。

液体剂型的微生物肥料不能与固态化肥混合施用；固态化肥作冲施肥使用，应先稀释对应倍数，再混入微生物菌肥可以随水浇田，或滴灌、喷施。在水肥一体化上使用微生物肥料时，建议选择细菌类的液体微生物肥料，少用丝状真菌类，避免堵塞管道；管道中需要留一定量的水，防止残留的菌丝体生长堵塞管道。

除产品说明书上注明的可相容的农药外，不可与杀菌剂、消毒剂等农药共同使用。化学农药都会不同程度地抑制微生物的生长和繁殖，不能用拌过杀虫剂、杀菌剂的工具装微生物肥料。

微生物肥料的保质期仅 18 个月，需要存放于阴凉干燥处，尤其是液体菌剂需要避免太阳暴晒。

作物收获后带走部分菌体，秋冬季节营养缺乏，温度下降，微生物会大量死亡，总体来说每茬作物收获后土壤微生物总量是下降的，因此翌年或下一茬仍应继续施用微生物肥料。

4. 化学肥料

设施果类蔬菜复种指数高，养分需求量大，化肥是养分的主要来源。通过合理施肥达到高产、优质、高效、改土培肥、保证农产品质量安全和保护生态环境的目标。

（1）作 用

近年来，有的人认为化肥百害无一利，彻底将其妖魔化；有的人认为保护生态环境和推进农业高质量发展，就该放弃使用化肥；个别媒体也推波助澜，致使人们"谈肥色变"。化肥是高效的营养物质，能为作物提供养分，改善作物和土壤营养水平，提高农业生产力。施用化肥以来，全国耕地由大面积养分匮缺转变为养分富集。得益于化肥施用带来的土壤生产力提升，我国粮食产量有了明显提高。大量试验证明，停止施用化肥，也不施用农家肥，3 年内作物产量就会降低一半，甚至更多。

由于不当施用化肥带来的一些问题，导致化肥的负面影响被过分放大，而这需要理性对待。施用化肥以来，农产品品质整体是大幅提高的，少数问题是化肥施用不合理的结果。例如，部分农户盲目追求大果和超高产，大量投入氮肥，忽视其他元素配合，导致果实太大、水分太多，而可溶性固形物、糖度跟不上，降低了果实风味。化肥用量要控制到合理的范围，既不能多，也不能少。不能盲目"减肥"，要把用量过高的降下来，用量合理的要保持，用量少的还要提高一些。例如，要减少某些过量投入的养分，如氮磷钾等大量营养元素，也要考虑增加有机肥还田，以及补充钙、镁、锌等中微量营养元素。控制化肥用量在合理水平，再通过优良品种选择、播种技术调控、土壤改良等措施，促进稳产增效。

（2）种类

化肥根据其肥料特性、功能及养分组成等，可分为传统化学肥料和新型化学肥料。传统化学肥料一般为营养型肥料，主要包括以供氮、磷、钾及中微量元素为主的肥料；新型化学肥料一般包括专用肥、水溶肥等。

氮肥

氮肥是蔬菜生产中需要量最大的化肥品种，氮素养分形态大致可分为酰胺态氮肥、铵态氮肥、硝态氮肥等类型，常见的氮肥以及施用技术要点，见表2-10。

表2-10　常见氮肥及施用技术要点

类型	名称	含氮量（%）	施用技术要点
酰胺态氮肥	尿素	44～46	生理中性肥料，宜做基肥和追肥，尿素施入土壤只有转化成为碳酸氢铵，才能被作物大量吸收利用，一般要提前4～6天施用，同时，深施覆土，施肥后不要立即灌水；不宜做种肥，含有少量的缩二脲，对种子发芽生长有害；作根外追肥，禾本科控制在1.5%～2.0%，露地蔬菜控制在0.5%～1.5%，温室蔬菜控制在0.2%～0.3%
铵态氮肥	碳酸氢铵	16.8～17.5	生理中性肥料，易溶于水，速效养分，可被植物直接吸收利用；作基肥和追肥时，深施6～10cm立即覆土，以减少氮素损失；不宜做种肥；不与碱性肥料混合施用；忌表施，忌高温天施用，以防氨挥发
	硫酸铵	20～21	生理酸性肥料，易溶于水，易被作物吸收；作基肥时，深施覆土，以利于作物吸收；最适宜做追肥，砂土地少量多次追施，黏土地每次用量可适当多些；不与碱性肥料或其他碱性物质混合施用，不宜在北方石灰性土壤上长期施用，易造成土壤板结

续表

类型	名称	含氮量（%）	施用技术要点
硝态氮肥	硝酸铵	34～35	生理中性肥料，易溶于水，速效养分；宜做追肥，尤其是旱田追肥；水田效果差，硝酸根离子易随水分淋失；不宜做种肥
	硝酸钾	13	生理中性肥料，易溶于水，肥效迅速；宜作追肥，但硝酸根离子流动性大，降水量大或水田易遭流失；不宜做种肥

磷 肥

磷肥含有多种磷酸盐，均折算成 P_2O_5 来表示其养分含量的高低。按照磷肥中磷的溶解性能，一般将磷肥分为水溶性磷肥、弱溶性磷肥和难溶性磷肥 3 类。常见的磷肥以及施用技术要点见表 2-11。

表 2-11 常见磷肥及施用技术要点

类型	名称	含磷量（%）	施用技术要点
水溶性磷肥	过磷酸钙	12～18	呈酸性，吸湿性强，吸湿后转化成难溶性磷，有效性降低；适用于中性、石灰性缺磷土壤，可作基肥、追肥、种肥；不与碱性肥料混合施用，以防降低肥效
弱酸溶性磷肥	钙镁磷肥	12～20	呈碱性，不溶于水，磷只能被弱酸溶解，要经过一定的转化过程，才能被作物利用，所以肥效缓慢；最适合做基肥，结合深耕，与土层彻底混合；不与酸性肥料混合施用，以防降低肥效

钾 肥

植物体内含钾一般占干物质重的 0.2%～4.1%，仅次于氮。钾肥施用适量时，能使作物茎秆强壮，防止倒伏，促进开花结实，增强抗旱、抗寒、抗病虫的能力。常见的钾肥以及施用技术要点见表 2-12。

表2-12　常见钾肥及施用技术要点

名称	含钾量（%）	施用技术要点
硫酸钾	50～52	生理酸性肥料，可作基肥、追肥、种肥及根外追肥；作基肥时，宜深施覆土；作追肥时，应集中条施或穴施到根系密集的土层，促进吸收；砂性土常缺钾，少量多次避免淋失
碳酸钾	79.7	水溶液呈碱性，易溶于水，吸湿性强；是草木灰中钾素的主要存在形态；不与其他肥料，特别是铵态氮肥掺混施用

中微量元素肥

作物生长所必需的矿质元素，除氮磷钾外，还有钙（Ca）、镁（Mg）、硫（S）、铁（Fe）、锰（Mn）、锌（Zn）、铜（Cu）、硼（B）、钼（Mo）、氯（Cl）等也是必需的。菜田生产作为高投入、高产出集约化栽培模式，氮磷钾的施用量远远超出了作物吸收量，对于中微量元素的供应却关注较少。同时，由于目前仍存在水肥管理粗放的现象，过量灌溉造成钙镁淋失，加上氮钾过量施用，更易导致植株在吸收上出现离子拮抗，在不缺钙镁的地块表现出缺素。

① 钙肥。钙的主要营养功能是稳定细胞膜结构，保持细胞的完整性，稳固细胞壁，增强植物对环境胁迫的抗逆能力。土壤干旱、盐渍化、氮肥施用过多、土壤水分忽干忽湿等都是作物生理性缺钙的原因，此外，由于日光温室和大棚中相对湿度大，蒸腾量低，钙在植物体内不易移动，极易在蒸腾量低的部位如果实、顶芽、心叶等部位发生缺钙。适用于蔬菜的钙肥包括石灰、石膏、甘露糖醇钙、过磷酸钙、硝酸钙、氯化钙等。施用方法包括基施和根外追施。砂质土宜施钙镁磷肥、过磷酸钙、硝酸钙和有机肥等；重茬地块宜施石灰，每年每亩施用量为25～50kg；碱性土壤可以施用石膏进行改良。

② 镁肥。镁主要在植物叶绿素合成、光合作用、蛋白质合成

和酶的活化方面起作用。番茄对镁需求量较大，且对镁敏感。镁的有效性不仅取决于土壤有效镁含量，当施肥过量、土壤养分盈余较多时，铵根离子 NH_4^+、钾离子 K^+、钙离子 Ca^{2+} 的拮抗作用也会引起植物缺镁。

镁肥主要包括硫酸镁、氧化镁、硝酸镁、钙镁磷肥、氯化镁、磷酸镁铵等，有机肥也是镁的重要来源。镁的营养临界期在早期，所以种植前先施用镁肥比较安全，选用不溶或水解性小的镁肥一般作基施。硫酸镁宜在碱性、中性、微碱性土壤上施用，碳酸镁宜在酸性土壤上施用。

③ 硼肥。硼促进植物体内碳水化合物的运输和代谢，促进半纤维素及细胞壁物质的合成，促进细胞伸长和细胞分裂，促进生殖器官的建成和发育。影响土壤硼有效性的因素包括土壤 pH 值、质地和灌溉水管理等，随着土壤 pH 值升高，硼的有效性降低；黏土硼含量高，砂土易缺硼；硼易淋失，在降水量或灌溉量过大的情况下，可溶性硼会淋失。

蔬菜需硼量较大，有研究表明大量施用有机肥和化肥不能完全补充土壤的硼素供应，需要补充硼素。颗粒态硼肥如五水硼酸钠，不易被土壤吸附和流失，可与有机肥掺混基施。八硼酸盐类硼肥和糖醇结合态硼适合叶面喷施。

④ 硫肥。硫主要在蛋白质合成、代谢和电子传递中起作用。砂地、低有机质含量的土壤上最容易缺硫，而这样的设施菜田土壤较少，所以蔬菜缺硫主要是由于长期不施硫肥有关。一般情况下，缺硫土壤亩施 1.5 ~ 3.0kg 硫就可以满足当季作物硫的需要。

⑤ 铁锰铜锌肥。一般设施菜田土壤很少出现铁锰锌铜养分供应不足的问题，设施菜田长期施用禽粪类有机肥，对补充土壤铁锰铜锌效果明显，需要同时关注如何避免元素过量的问题。

铁是叶绿素合成所必需的元素，参与作物体内氧化还原反应、电子传递和呼吸作用。土壤碱性偏高时，铁的有效性更低；而当土壤磷或锰过高会导致缺铁。铁肥主要包括硫酸亚铁和螯合态铁，均可通过叶面喷施的方法。在石灰性土壤上滴灌施用铁肥时，需要配用一定量的柠檬酸，通过降低根系周围 pH 值，提高土壤有效铁的含量。

锰直接参与光合作用，是维持叶绿体结构的必需元素，调节酶的活性，促进种子萌芽和幼苗生长。石灰性土壤锰的供给往往不足，在低温、弱光、干燥，以及富含铁、铜、锌的土壤会缺锰。

铜参与植物体内氧化还原反应和氮素代谢，影响固氮作用，促进花器官的发育。缺铜的新菜田可通过施用有机肥来补充，也可将硫酸铜与农家肥混合作基施。

锌是某些酶的组分或活化剂，参与生长素代谢，参与光合作用中二氧化碳的水合作用，促进蛋白质的代谢，促进生殖器官发育和提高抗逆性。缺锌土壤主要在分布在北方，土壤有效磷含量过高会导致缺锌。锌肥主要包括硫酸锌、氧化锌、氯化锌等，传统非水溶性锌肥可基施，新型悬浮剂态锌肥可用于叶面喷施等。

常见的中微量元素肥料及施用技术要点见表 2-13。

表 2-13　常见中微量元素肥料及施用技术要点

类型	名称	含量（%）	施用技术要点
钙肥	生石灰 熟石灰	90～96 64～75	呈碱性，需均匀施用以防止局部碱性过大；不宜过量施用，否则会引起土壤板结和结构破坏；残效2～3年，一次施用较多时，不必年年施用
	石膏	26～38	撒施再结合翻耕作基肥，亩推荐用量 15～25kg
	糖醇螯合钙	16～18	配 1000～2000 倍液，在开花时对花序上下喷施2～3次

类型	名称	含量（%）	施用技术要点
镁肥	七水硫酸镁 硝酸镁 硫酸钾镁	9.6～9.8 28.8 11.2	北方石灰性土壤宜选用生理酸性镁肥；过量施钾、钙肥或养分富集的地块，会因离子拮抗出现缺镁；作基施时，与有机肥混合施用，亩推荐用量 10～13kg，一次施足后，可隔几茬作物再施用，不必每季施用；作叶面喷施时，蔬菜上喷施硫酸镁 0.5%～1%；硝酸镁 1%
硼肥	硼砂 硼酸	11 17.5	因缺补缺，当土壤严重缺硼时，一般采用基施，亩底施 0.5～1kg 硼砂，与有机肥混匀后开沟条施或穴施；轻度缺硼的土壤通常采用根外追肥的方法，叶面喷施 0.05%～0.2% 硼砂或 0.02%～0.1% 硼酸水溶液，每 7 天一次，连续喷 2～3 次
硫肥	硫酸铵 硫酸钾 硫酸镁	24.2 17.6 13	生产过程出现缺硫，可用硫酸铵等速效硫肥作追肥或喷施；缺硫土壤亩推荐 1.5～3kg，可满足当季硫的需要
铁肥	硫酸亚铁 硫酸亚铁铵 螯合态铁	19～20 14 5～14	生产上常用硫酸亚铁，叶面喷施硫酸亚铁可避免土壤对铁的固定；一般喷施 0.5%～1% 硫酸亚铁水溶液，或 100mg/L 柠檬酸铁水溶液，每 7 天一次，连续喷 2～3 次
锰肥	硫酸锰 氯化锰	24～28 17	作基肥，推荐亩用量 1～2.5kg，可与有机肥混合使用；叶面喷施 0.1%～0.2% 硫酸锰溶液，每 7 天一次，连续喷 2～3 次
铜肥	硫酸铜	24～25	基肥推荐亩用量 0.3～0.45kg，每隔 3～5 年施用一次；叶面喷施 0.02%～0.04% 硫酸锌溶液，可加入少量熟石灰，以防药害
锌肥	硫酸锌	23～24 35～50	作基肥，推荐亩用量 1～2kg，可与有机肥混合使用；锌肥不仅当季有用，还有后效，2～3 年施用一次即可；根外追肥浓度 0.02%～0.1% 硫酸锌溶液

专用复合肥

专用复合肥是以单质肥料（如尿素、磷酸铵、硫酸钾、普钙等）为原料，辅之以添加物，依据作物养分吸收规律进行养分配比生产出的适合一定区域和特定蔬菜品种的商品肥料，是在大范围区域测土的基础上具有配方施肥性质的施肥措施。果类蔬菜有蔬菜专用复合肥，氮磷钾总含量在 30% 以上。常见的基肥复合肥 N-P-K 配方有 18-9-18、15-15-15 等。新建设施菜田由于土壤肥力较低，可底施少量养分平衡型专用复混肥如 15-15-15，中等肥力设施菜田推荐底施 18-9-18 或者相近配方的复合肥，高肥力老设施菜田由于土壤养分盈余明显，底肥可不施化肥。追施的复合肥配方可根据茬口和生育期进行调整（表 2-14）。

表 2-14　常见番茄专用复合肥配方（N-P-K）

茬口	苗期	开花坐果期	结果初期	结果盛期	结果末期
春夏茬	9-17-9	13-18-14	14-4-27	16-3-27	15-7-23
秋冬茬	4-20-20	8-22-15	14-4-27	15-3-27	13-8-24
越冬茬	9-17-19	12-19-14	13-4-28	15-3-27	15-7-23

也可根据实际情况在不同生育期选用二元复合肥，常见二元复合肥养分含量和施用技术要点见表 2-15。

表 2-15　常见二元复合肥

名称	含量	施用技术要点
磷酸一铵	氮 12%，磷 60%	呈酸性，易溶于水，高浓度速效氮磷复合肥；宜作基肥；不能与碱性肥料混合施用，易造成氨挥发，降低磷肥效
磷酸二铵	氮 18%，磷 46%	呈碱性，易溶于水，高浓度速效氮磷复合肥；宜作基肥；后期只补充适量氮钾肥，不需再补施磷肥
磷酸二氢钾	磷 52%，钾 34%	呈酸性，易溶于水，高浓度有效磷钾复合肥；宜作追肥，根外追施浓度 0.1% ～ 0.2%，喷 2 ～ 3 次
硝酸钾	氮 13%，钾 44%	呈中性，易溶于水，高浓度速效氮钾复合肥；宜作追肥，根外追施浓度 0.6% ～ 1.0%

水溶性肥料

与传统肥料相比，水溶肥的养分溶解性强。大量元素可与中微量元素或者腐植酸、氨基酸、海藻提取物、螯合剂、表面活性剂等功能性有机物质复合。具有营养全面、速效、省水省肥的优点。水溶性肥料按照养分组成分为大量元素水溶肥、中量元素水溶肥、微量元素水溶肥、含氨基酸水溶肥和含腐植酸水溶肥。

大量元素水溶肥的硝态氮含量一般比复合肥高,且磷素几乎全部为水溶性磷,普通复合肥肥料利用率为20%～30%,水溶性肥料利用率则相对较高,水肥一体化发挥肥水协同效应,滴灌水的利用率可达95%,施肥较为均匀,均匀度可达80%～90%,便于控制施肥量。水溶性肥料可以含有作物生长所需要的全部营养元素,如氮、磷、钾、钙、镁、硫、铁、锰、铜等元素,也可以加入溶于水的有机物质,如腐植酸、氨基酸、植物生长调节剂等,也可根据土壤养分丰缺状况与供肥水平以及作物对营养元素的需求来确定养分的种类与比例,配方灵活多变。常见番茄50%水溶性肥料配方见表2-16。

表 2-16 常见番茄 50% 水溶性肥料配方（N–P–K）

茬口	开花坐果期	结果初期	结果盛期	结果末期
春夏茬	16-20-14	15-4-31	18-5-27	22-4-24
秋冬茬	9-24-17	15-5-30	16-3-31	15-9-26

注：高肥力设施菜田开花坐果期，建议选择低磷配方。

含腐植酸水溶性肥料的主要原料是腐植酸。腐植酸主要来源于泥炭、褐煤和风化煤,一般是天然腐植酸。腐植酸能够改良土壤性能,通过絮凝作用成为一种胶结剂,促进土壤中较大粒径的团聚体、微团聚体形成,有效降低土壤容重,增加土壤孔隙度并改善土壤结构性能,提高土壤保水保肥性能;提供微生物生命活动所需的碳源、氮源,刺激土壤微生物活性增加,为根系生长提供一个合适的环境,促进根系发育,增强作物吸收水分和养分的能力;加速氮磷钾元素进入植物,减少土壤对磷的固定,促进钙、铁、铝的释放，增强根部对磷的吸收，提高磷肥利用率。

含氨基酸水溶性肥料主要用作叶面肥，作物通过叶面吸收利用氨基酸，被吸收的氨基酸可迅速被作物利用；也可以通过滴灌施用。氨基酸能螯合微量元素，当氨基酸与微量元素一起施用时，微量元素在植物体内更易吸收和运输；肥料中含有氨基酸络合物等，有机物占一定的比例，因而可以提高农作物品质；减轻植物受高温、低湿、霜冻等胁迫的影响。

（3）选　择

根据施肥方式选择肥料　在番茄幼苗移栽时，可能会出现移栽过程伤害根部，此时灌根施肥可促进根系生长，可选择高磷型水溶性肥料以及含腐植酸等功能型物质的水溶肥。若追施采用沟施，可选择尿素、硫酸钾等传统肥料或三元复合肥。若追施采用滴灌、喷灌等，则需选择水溶性好、腐蚀性小的完全水溶性肥料或功能性水溶肥。叶面喷施是直接配成溶液进行喷施的，所以肥料必须溶于水，否则不溶物喷到作物表面后不仅不能吸收，还会造成肥害。

根据作物养分需求选择肥料　不同生长期、不同茬口对氮磷钾的养分需求不同。以春茬番茄为例，结果初期养分积累比例为22%～28%，结果盛期为41%～48%，结果末期为11%～24%。磷素主要对幼苗抗逆性和开花坐果影响较大，绝大多数磷素在苗期至开花期被吸收，所以一般在作物花前采用高磷配方，而在开花后选用不含磷或低磷配方。相比氮磷，钾投入量最大，尤其是在结果期，果实膨大形成、果实品质的提高等都对钾素要求较高。钾肥以追施为主，主要在开花期及结果中后期，可结合氮钾专用肥施用。

根据菜田养分高低选择肥料　不同菜田的土壤氮磷钾养分含量水平差异较大。新建设施菜田土壤肥力相对较低，而老菜田的氮磷钾含量都较高，有的甚至可达到极高水平，所以针对菜田养分的高低选择适宜的肥料。老菜田因为土壤各类养分都较高，底肥可以少施或不施化肥，追肥尽量选择低磷的配方，适当减少追肥次数。同时，考虑因养分富集，番茄在生长后期出现的缺镁、缺钙等症状，可以喷施含钙镁的叶面肥，又或在配方中增加糖醇钙等其他中微量元素肥料。而在新建设施菜田则需要合理施用有机肥，防止土壤中磷的迅速积累，调整氮钾施用比例，逐步熟化土壤和培肥地力。

根据母质和土壤障碍选择肥料 北方石灰性土壤可以选择液体磷肥滴灌追施，以减少土壤对磷的固定，提高土壤磷的有效性和磷肥利用率。设施老菜田常常出现土壤板结、次生盐渍化和酸化。对于土壤板结、结构破坏的设施菜田，配合深松，可选择含腐植酸的肥料，进行土壤改良；对于酸化的地块，可选择碱性肥料，或酸性土壤调理剂，也可选择一些含硅的碱性矿物源肥料；对于出现次生盐渍化的地块，禁用含氯肥料，在秋冬茬生产时选用氨基酸肥料，以减轻盐渍化程度。

根据外界环境变化选择肥料 设施番茄在秋冬茬后期和越冬期间容易遭受低温弱光的胁迫，严重影响植株光合速率、根系活力和生长发育。此时可选择一些具有促根抗逆作用的功能型肥料，如腐植酸类、海藻酸类的肥料，提高番茄抗低温胁迫能力，促进根系呼吸和生长，改善作物品质。此外，低温条件会抑制硝化作用，减缓铵态氮的转化，导致供氮慢，氮肥可选用硝态氮类。

（4）施用量

当前国家层面并没有对主要作物的化肥施用限量，且各地土壤质地、养分状况、灌溉水平、种植技术高低等均存在差异。因此，亟须结合当地生产现状与实际管理，制定适宜的设施番茄生产施肥方案，管理和控制作物的施肥用量，减少肥料不合理的投入。该部分将在本章"五、模式实例"中详细举例介绍。

（5）施用时间

灌溉与施肥相结合。番茄定植时一般亩用水量 30 ～ 40m³。定植 5 ～ 10 天后，浇一次缓苗水，亩用水量 15m³。之后 10 ～ 15 天浇一次水，亩用水量 10 ～ 15m³。定植后 30 天，待第 1 穗果膨大至乒乓球大小开始灌水追肥，亩用水量 10 ～ 15m³。之后根据天气状况、温度和土壤墒情，调整灌溉数量和次数。

根外追肥选择合适的喷施时间和部位非常重要，一般在无风的晴天 9 时以前或 16 时以后喷施，此时温度较低，光照较弱，水分蒸发弱，叶片可保持较长的浸润时间，一般浸润 30 ～ 60min，养分的吸收效果最佳。高温、大风、晴天正午、露水未干均不宜喷施。

（6）施用方法

基施是在定植前，结合土壤翻耕或整地时施用的肥料。基肥一般以有机肥为主，辅以少量的磷钾肥，对于出现障碍的地块可配施土壤调理剂。京郊设施番茄种植常采用瓦垄畦，最好选择全程施肥法，即在整地前，将有机肥、化肥、土壤调理剂等肥料混合，均匀撒施在地表，翻入 20cm 深的土壤层中，再作畦定植。

灌根施肥一般在幼苗期和越冬的低温弱光时期。将一定浓度的高磷复合肥、腐植酸或氨基酸功能型肥料灌入植物根区，提高作物抗低温胁迫的能力，促进根系生长，尽快缓苗。

番茄主要依靠根系吸收养分，所以生育期内化肥主要补充方式为根区滴灌追施水溶肥。但叶片也可以吸收营养元素，叶片在吸水的同时能够像根一样把营养物质吸收到植物体内。一定浓度范围内，喷施养分浓度越高，叶面吸收效果越好，但超过一定范围，高浓度容易造成肥害。在温度较高时，即使在适宜浓度范围内，把握"就低不就高"的原则，避免造成肥液浓度过高。番茄喷施叶面肥的最佳时期是苗期、开花期和后期。苗期，种子储存营养耗完，根系可能受损且从土壤中吸收养分的能力相对较弱，喷施叶面肥可促根、提高抗逆性、补充养分；开花期，番茄对钙镁硼等中微量元素需求量较多；后期，根系衰老，吸收功能下降，喷施叶面肥可提高产量、改善品质。着重喷洒在生长旺盛的上中部叶片，尤其是叶片背面。氮和钾可喷施在植株的任何部位；磷着重喷施在植株上部或中部叶片；中微量元素主要喷施在植株的上部新叶。叶面肥养分浓度都比较低，与作物需求量相比低得多，因此叶面施肥次数不宜太少，喷 2～3 次，每 7 天一次。叶面喷施时可以添加一些表面活性剂或螯合剂，如糖醇、氨基酸、腐植酸等。

（7）存在的问题

番茄经济附加值高，农户投肥量大，如果灌溉粗放，极容易产生养分流失和环境污染。部分园区为了省时省事，仍然沿用较为传统的大水冲施肥料，加剧了硝酸盐淋洗风险，降低了肥料利用率。因此，选用水溶性肥料做作追肥时，应该通过水肥一体化进行合理的水肥管理，替代传统施肥方式，减少肥料施用量，提高肥料利用率。无条件安装水肥一体化设备的园区，建议选用铵态氮肥代替硝态氮肥，减少硝态氮的淋洗。

当前，肥料损失及利用率低下主要是由于氮磷的损失，应重视加强肥料的养分管理。在水肥管理粗放的地区，政策引导补贴配备水肥设备，制定简单、实用的水肥管理措施，提升该地区农户的生产管理技术；加强不同生育期肥料配方、化肥减量、病虫防治、栽培管理、机械装备的研究与应用；推广有机无机配施、水肥一体化、改土营养方案制定等技术，扩大水肥管理示范及应用面积；借助社会力量，开展土肥社会化服务，解决农村技术人员专业性不强，综合应用水平低的问题。通过上述措施，最终减少不合理施肥带来的肥料资源浪费和环境污染风险。

5.土壤调理剂

土壤调理剂是指加入土壤中用于改善土壤物理、化学性质或生物活性的物料。土壤调理剂通过黏结很多小的土壤颗粒，形成大且水稳的聚集体。土壤调理剂的种类很多，广泛用于防止土壤受侵蚀、降低土壤水分蒸发或过度蒸腾、节约灌溉水、促进植物健康生长方面。

（1）作　用

改善土壤团粒结构　增加土壤毛管孔隙，降低土壤容重，增加土壤通气度，保蓄水分，减少蒸发，有效提高水利用效率。

改良土壤化学性状　增加土壤有机质，调节土壤酸碱度，增强土壤缓冲能力。

增加土壤抗水蚀能力　高分子聚合物土壤调理剂明显增加土壤水稳性团粒含量，土壤抗水蚀能力增加，水土流失相应减少。

提高土壤离子交换率　如沸石、膨润土等的土壤调理剂可增加土壤中的阳离子。

（2）种　类

常见土壤调理剂种类见表2-17。

表2-17　常见土壤调理剂种类

类别	种类	作用
矿物类	石灰石、沸石、白云石、石膏、菱镁矿、牡蛎壳等	调节酸化土壤
	泥炭、褐煤	调节重金属污染土壤
有机类	氨基酸发酵尾液、柠檬酸	治理盐碱化土壤
	餐厨废弃物	调节结构障碍土壤
人工合成高分子化合物类	聚丙烯酰胺等	农林保水剂
	聚马来酸	调节土壤盐碱度
	脂肪酸甲酯磺酸钠、聚氧乙烯失水聚醇硬脂酸酯、月桂醇乙氧基硫酸铵等	改善土壤结构，治理结构障碍性土壤

（3）施用量

天然的调理剂施用量可大一些，适宜用量的范围较宽；而人工合成的调理剂，因效能和成本较高，用量少，按产品说明书进行施用。如风化煤加入适量氨水，或与碳酸氢铵堆腐用于培肥改土，亩用量 30 ~ 100kg，可撒施后耕翻入土，或沟施、穴施；聚丙烯酰胺可增加土壤团粒，亩用量 1 ~ 13kg。

（4）施用时间

撒施和混肥施一般在作物定植前施用。固态调理剂在表土墒情适宜时施用，适宜的土壤湿度为田间最大持水量的 70% ~ 80%。液态调理剂在土壤干燥、细碎、平整条件下施用效果较好。

（5）施用方法

土壤调理剂可撒施、混肥施、溶液喷施等，需要根据调理剂不同的剂型而定。

（6）存在的问题

土壤调理剂改土效果明显，但成本较高，在实际应用上受到限制。产品缺乏专一性，当前土壤调理剂种类多，但缺乏解决某一方面问题的品种，以及科学的衡量标准和测试手段。此外，土壤改良剂对农田环境、土壤、农产品副作用还有待于研究。

（四）氮磷钾及有机肥推荐原则与方法

番茄具有多次采收的特性，生产上要不断补充营养元素多次追肥。每生产 1000kg 番茄果实需要吸收 N 2.59 ~ 2.93kg、P_2O_5 0.43 ~ 0.58kg 和 K_2O 3.7 ~ 5.13kg。番茄整个生育期对钾的需求量最大，其次为氮和钙，对磷和镁的需求量相对较小。设施番茄目标产量与养分带走量，见表 2-18。

表 2-18　设施番茄目标产量与养分带走量

种植模式	茬口	目标产量（kg/ 亩）	养分带走量（kg/ 亩）				
			N	P_2O_5	K_2O	CaO	MgO
日光温室	春夏茬	6000 ～ 8000	15 ～ 21	2.6 ～ 3.5	20 ～ 27	7.8 ～ 10.4	1.8 ～ 2.4
	秋冬茬	5000 ～ 6000	13 ～ 15	2.2 ～ 2.6	17 ～ 20	6.5 ～ 7.8	1.5 ～ 1.8
塑料大棚	越夏茬	3500 ～ 7500	9 ～ 20	1.5 ～ 3.3	14 ～ 25	4.6 ～ 9.8	1.1 ～ 2.3

1. 氮推荐原则与方法

氮素是作物生长必需的大量元素之一，是植物体内蛋白质、核酸、叶绿色、酶等的组成成分。过量氮肥投入导致设施菜田土壤氮养分累积明显，因此需要以稳产、优质、环境友好和资源高效为目标，协调氮养分投入与支出平衡，合理控制氮肥投入。

氮素推荐原则是总量控制，即以过去 3 年该地块同茬口番茄平均亩产为参考，制定本茬番茄目标产量，确定氮素需求总量。用氮素需求总量分别扣除有机肥带入的氮量（每 1000kg 有机肥 3kg 氮）和不同肥力地块供氮量（高肥力 6kg、中肥力 4kg、低肥力 2kg），即为化肥提供的氮。计算公式：化肥供氮量＝氮素需求总量－有机肥带入氮量－土壤供氮量。再将化肥供氮量按不同生育期、园区留穗数和管理习惯进行规划，确定追肥次数。不同生育期氮素分配比例见表 2-19。

表 2-19　番茄不同生育期氮素分配比例

生育期	分配比例（%）	
	春夏茬	秋冬茬
苗期	4	2
开花坐果期	15	10
结果初期	25	30
结果中期	45	47
结果末期	11	11

2. 磷推荐原则与方法

磷素是核酸、磷脂、植素、三磷酸腺苷（ATP）和含磷酶的重要组成元素，以多种方式参与植物体内代谢过程。植物缺磷会严重影响植物的生长和硝酸盐的吸收与同化。磷素促进植物生长点细胞的分裂和增殖，特别是在作物生长初期，对根系伸长有良好促进作用，同时促进幼苗健壮生长以及新器官形成。

蔬菜生产中畜禽粪便类有机肥和高磷复合肥长期作为主要的磷肥来源，尤其是粪肥中磷素供应量远超过蔬菜需磷量。过多磷肥投入不会带来增产效果，相反导致了菜田土壤磷素大量累积，土壤有效磷是粮田的几倍到几十倍。英国洛桑试验站长期田间试验表明，当土层有效磷含量超过 60mg/kg 时，磷的淋失量会急剧增加而逐渐累积，加速磷素向水体迁移；我国不同蔬菜种植地区磷淋溶拐点介于 50 ～ 80mg/kg，经调查北京地区设施番茄地块平均有效磷 170mg/kg，远超过淋溶拐点，加大了磷淋溶风险。

磷素推荐原则是恒量监控。高肥力地块，在保证作物产量的前提下，以环境风险为依据，控制磷肥用量或不施磷，避免超过环境风险阈值；中肥力地块，维持有效磷处于适宜含量和农学阈值之间，保证作物高产和养分供应；低肥力地块，以培肥地力和高产为目标，根据作物需磷量和安全阈值进行优化施磷。即在极低、低、中、高和极高土壤肥力条件下，相应磷肥推荐量分别为作物带走量的 2 倍、1.5 倍、1 倍、0.5 倍、0 倍，见表 2-20。再根据不同生育期、园区留穗数和管理习惯，确定化肥供磷量追肥次数。不同生育期磷素分配比例见表 2-21。

表 2-20　设施番茄土壤磷素丰缺指标与磷肥推荐量

肥力分级	土壤有效磷含量（mg/kg）	磷肥推荐量
极低	0（含）~ 80	按作物带走量的 2 倍补给
低	80（含）~ 100	按作物带走量的 1.5 倍补给
中	100（含）~ 150	按作物带走量的 1 倍补给
高	150（含）~ 200	按作物带走量的 0.5 倍补给
极高	≥ 200	不施肥，采取措施调至适宜水平

表 2-21　番茄不同生育期磷素分配比例

生育期	分配比例（%）	
	春夏茬	秋冬茬
苗期	15	15
开花坐果期	45	46
结果初期	14	15
结果中期	16	14
结果末期	10	10

3. 钾推荐原则与方法

钾素是作物必需的大量营养元素之一，参与作物体内各种代谢过程。施钾能够显著提高蔬菜产品品质，提高抗逆性，被称为品质元素。若长期忽视钾素养分的投入不仅造成蔬菜产量和品质的下降，还会引起菜田土壤钾素的耗竭和肥力的下降。近年来，北京地区农户非常注重钾肥的施用，土壤钾水平已经很高。尽管如此农户仍大量投入钾肥，导致钾素过量累积，钾肥增产作用越来越低，还会导致作物缺乏镁，进而影响农产品的品质。

钾素推荐原则与磷肥相似，也是恒量监控。土壤对钾的缓冲性非常大，即使轻微过量对作物和环境也不会产生危害，所以施钾量不要求特别精确。在同类型土壤上，根据土壤养分测定值确定土壤肥力水平，明确相应的推荐倍数，确定施钾量。当土壤速效钾含量为高水平，地块处于高肥力时，通常情况可暂不考虑施钾，而应采取一定的措施使土壤肥力调至适宜水平；当土壤速效钾含量为中等，地块处于中肥力时，维持现有土壤速效钾水平，施钾量等同于作物带走钾量；当土壤速效钾含量较低，地块处于低肥力时，通过增施钾肥提高作物产量和品质，同时稳步提高土壤速效钾含量，故施钾量是作物带走量的 1.5 ～ 2 倍。即在极低、低、中、高和极高土壤肥力条件下，相应钾肥推荐量分别为作物带走量的 2 倍、1.5倍、1 倍、0.5 倍、0 倍，见表 2-22。再根据不同生育期、园区留穗数和管理习惯，确定化肥供钾量追肥次数。不同生育期钾素分配比例见表 2-23。

表 2-22　设施番茄土壤钾素丰缺指标与钾肥推荐量

肥力分级	土壤速效钾含量（mg/kg）	钾肥推荐量
极低	0（含）～ 70	按作物带走量的 2 倍补给
低	70（含）～ 100	按作物带走量的 1.5 倍补给
中	100（含）～ 180	按作物带走量的 1 倍补给
高	180（含）～ 300	按作物带走量的 0.5 倍补给
极高	≥ 300	不施肥，采取措施调至适宜水平

表 2-23　番茄不同生育期钾素分配比例

生育期	分配比例（%）	
	春夏茬	秋冬茬
苗期	5	5
开花坐果期	10	10
结果初期	30	30
结果中期	45	45
结果末期	10	10

4. 有机肥推荐原则与方法

有机肥养分投入土壤中通过矿化作用变成作物可吸收的有效养

分，因此有机肥可以替代并减少一部分化肥施用，对提高土壤质量和作物产量、提升农产品品质具有促进作用。经过多年的田间原位埋袋方法计算，推荐北京地区每 1t 有机肥提供的养分可按照氮（N）3kg、磷（P_2O_5）1.5kg、钾（K_2O）2.4kg 估算。

（五）营养诊断与施肥防治

植物的正常生命活动中有 16 种必需的元素。碳（C）、氢（H）、氧（O）、氮（N）、磷（P）、钾（K）6 种是大量元素，一般占植物干重的百分之几到千分之几，前 3 种主要从空气和水中吸收，后 3 种来自土壤和肥料。钙（Ca）、镁（Mg）、硫（S）3 种是中量元素，需要量介于大量元素与微量元素之间，占到植物干重的千分之几。铁（Fe）、硼（B）、锰（Mn）、铜（Cu）、锌（Zn）、钼（Mo）、氯（Cl）7 种是微量元素，其含量占到植物干重的万分之几，甚至更少。这些元素各有其独特的作用，彼此不能替代。只有植物体内含有适量的各种必需元素时，它们才能有效地相互配合，并完成植物体的代谢过程，保证植物的健康生长和发育。

营养诊断的方法主要有形态诊断、土壤化学诊断、植株化学诊断、施肥诊断、生物培养诊断、酶学诊断、显微结构诊断、电子探针诊断等。植物化学诊断和土壤化学诊断是比较精确的诊断方法，但需要配备仪器，在生产上应用还不很普遍。形态诊断是一种很容易被技术人员和广大生产者掌握的简易方法，但是，当作物生理失调还没有严重到一定程度时，一般外部不表现出病症，有些症状还可能是几种元素同时缺乏引起的复合症。此外，如果判断错误，把缺素症误认为是作物得了"病"，喷洒农药可能达不到防治的效果。所以形态诊断有其局限性，最好在生产上结合施肥诊断、植保诊断、植株化学诊断和土壤养分的化学测定，对蔬菜的生理病害做出综合的、正确的诊断。

1. 元素缺乏形态诊断

由于缺乏营养引起的病害都有明显的特点，即植株的形态或颜色会出现某些专一性的特殊症状，如失绿、畸形等。诊断缺素症最简便的方法，是根据这一特点，从作物出现症状的部位和颜色加以判断，确定作物缺少哪一种或哪几种养分，然后调整营养和改土方案，缺素症才能减轻或消除，进而对作物产量的影响降低到最小限度。由于土壤质量变差、温度急剧变化或水分管理不当等，使得营养元素供应不足或过剩，轻微时造成减产，严重时引起营养失调。实际生产中出现最多的是元素缺乏症。

（1）部　　位

蔬菜缺素症出现的部位一般与元素在蔬菜体内移动性的难易程度有关。在植物体内容易移动的营养元素，如氮、磷、钾、镁等，首先满足新生组织的需要，所以当这些元素不足时会从老组织移向新生组织，症状先在老叶上表现。不易移动的元素，如钙、锌、硼、铁、锰等，在植物体内大多是酶的组成部分，则常常从生长点、幼叶等新生组织开始表现。

（2）颜　　色

当与叶绿素形成或与光合作用有关的元素缺乏时，如镁、铁、锰、锌等，一般会出现失绿现象，叶片表现为黄化或呈白色。而磷和硼等元素与糖类运转有关，缺乏时糖类容易在叶片中滞留，从而有利于花青素的形成，常使植株茎叶带有紫红色色泽。植株营养元素缺乏症状见表2-24。

表 2-24　植株营养元素缺乏症状

部位	缺素		症状
中下部先出现	氮	不易出现斑点	中下部叶片浅绿色，底部叶片黄化枯焦、早衰
	磷		茎叶呈红色或紫色，植株矮小，生育期延迟
	钾	易出现斑点	叶卷点状褐斑，皱缩，叶尖叶缘先黄后干枯似烧焦状
	镁		有多种色泽斑点和斑块，仅叶脉间失绿，叶脉保持绿色
新生组织先出现	钙	顶芽易枯死	幼叶卷曲，叶缘发黄，叶尖和叶缘向内逐渐死亡；番茄发生脐腐
	硼		茎和叶柄变粗变脆易开裂，花发育不正常，生长期延迟
	硫	顶芽不易枯死	新叶黄化，叶脉先失绿后遍及全叶，老叶黄白色
	锰		脉间失绿，叶有杂色斑，组织易坏死，花少
	铁		脉间失绿，严重时叶片全部呈淡黄色，植株矮小
	钼		脉间失绿并肿大，幼叶黄绿，叶片畸形，生长缓慢
	锌		小叶丛生，脉间失绿发生黄斑，斑点在主脉两侧
	铜		幼叶萎蔫出现白色斑，植株矮小

2. 元素过剩形态诊断

元素过剩往往产生对其他元素的拮抗作用，也就是说不一定是因为土壤缺乏该元素，而是因为某元素过剩导致植株无法吸收其他元素，表现出的症状是缺素。常见的元素过剩症状有叶片黄白化、褐斑、叶缘枯焦，茎叶畸形或扭曲，根伸长不良、弯曲、颜色变褐或尖端死亡。一般出现的部位是该元素容易积累的部位。

蔬菜是喜硝态氮的植物，生产中常过量施氮，当土壤中积累了大量铵态氮（NH_4^+）时，就会抑制蔬菜对钾（K^+）、钙（Ca^{2+}）、镁（Mg^{2+}）的吸收，进而表现出缺钾、缺钙、缺镁的症状。近几年，北京地区农户意识到钾对果蔬品质提升的作用，开始偏施钾肥，土壤中过量的钾（K^+）同样会抑制蔬菜对钙（Ca^{2+}）、镁（Mg^{2+}）的吸收，表现出缺钙、缺镁症状。微量元素之间同样存在元素拮抗，锰（Mn^{2+}）、铜（Cu^{2+}）过量，显著抑制蔬菜对铁（Fe^{2+}）的吸收，出现缺铁症；铁（Fe^{2+}）、锌（Zn^{2+}）过量抑制锰（Mn^{2+}）的吸收等。

3. 受盐害形态诊断

不同蔬菜的耐盐性有一定的差异。

① 在低盐条件下，草莓、洋葱等对盐分敏感的作物就会出现盐害。

② 当土壤轻度盐化时，番茄、黄瓜、辣椒、茄子、芹菜等大多数对盐分中度敏感的作物盐害症状不明显。主要症状是：根系发育受影响，当气温升高时植株萎蔫，加大灌水量也不能消除，容易引起其他病害，番茄出现脐腐病；土壤干燥时表面出现坚硬的结皮层。

③ 当土壤中度盐化时，多数作物表现出盐害，甜菜和西葫芦是中度耐盐的作物。主要症状：蔬菜生长受到抑制，叶小萎缩，叶色深绿，叶缘翻卷，生长点叶缘黄化和卷缩，并呈现出镶金边的症状；不发新根，在土壤并不缺水的情况下，植株午后萎蔫，到了次日清晨又恢复生机，如此循环最终枯死，经常造成绝产。

④ 当土壤重度盐化时，多数蔬菜幼苗不能成活，芦笋是耐盐作物。主要症状：幼苗死苗率高，成活的幼苗生长缓慢，叶缘出现褐色枯斑，根系发黄，生长点受损，植株出现萎缩并逐渐枯死。

有研究认为，0.3mS/cm 是番茄苗期 EC 值的临界值，≤ 0.6mS/cm 是安全范围，0.6 ~ 0.8mS/cm 是可调控范围，> 0.9mS/cm 则为严重毒害水平。不同土壤类型、土壤盐分浓度 EC 值与番茄盐害程度的标准，可参考表 2-25。

表 2-25　番茄受盐害的土壤盐分浓度分级

土壤类型	EC（mS/cm）				
	正常	生理障碍临界点	抑制	严重抑制	枯死
砂土	0.6	0.4	0.83	1.06	2.87
壤土	0.72	0.7	1.12	1.53	4.77
黏壤土	—	0.7	—	—	—

4. 生理病害诊断与防治

番茄生理病害诊断与防治措施见表 2-26。

表 2-26 番茄生理病害诊断与防治措施

元素	症状	诊断	防治
氮 （N）	植株矮小、茎细长、叶片薄瘦、下部叶片黄化、老化脱落	缺乏	新菜田施用腐熟有机肥；及时追施硝态氮肥
	茎粗、出现褐色斑点；叶厚大色深，中肋隆起反转成船形；顶端幼叶傍晚卷曲，严重时出现涡状扭曲；果实着色不良，茎腐病，出现绿背果	土壤硝态氮过剩	少施或不施铵态氮和尿素，选用硝态氮肥；老菜田底肥配施秸秆；地温较高时，加大灌水量，降低土壤硝态氮含量
磷 （P）	茎细，叶小，叶背绿紫色，茎秆和叶柄呈紫红色，老叶黄化、干枯、老化	缺乏	菜田土壤很少缺磷，该症状一般在苗期，且与地温低、土壤 pH 值高有关。保持定植期地温不低于 15℃，石灰调酸，石膏调碱
钾 （K）	果实膨大期，果穗附近叶片最容易缺钾，叶缘失绿干枯似烧焦，严重的叶脉失绿；绿背果	缺乏	番茄需钾量高，注意钾肥的施用，钾肥用量不低于氮肥的 1/2，分次施用
钙 （Ca）	果实多发脐腐病，生长点停止生长，叶片异常，叶小硬化，叶片皱缩	缺乏	砂性土多施用腐熟鸡粪；避免一次性施用铵态氮肥和钾肥；维持土壤水分稳定；叶面喷施 0.1%～0.3% 硝酸钙溶液，喷花序上 2～3 片叶
镁 （Mg）	严重影响叶绿素的合成。中下部叶主脉变黄失绿，果实膨大期靠近果实的叶片先发生	缺乏	除砂性土，一般不易出现缺镁症状。番茄果实膨大期，保持地温不低于 15℃；土壤钾多或一次性过量施用铵态氮肥，均会抑制镁的吸收；叶面喷施 0.2%～0.4% 硫酸镁水溶肥
硼 （B）	生长点缩叶，停止生长；叶柄形成不定芽，缺硼引起同化物质输送不良；茎内侧木栓化和果实表皮的木栓化；第 3 和第 4 花序附近的主茎节间缩短、出现槽沟，严重时槽沟裂开褐变	缺乏	常发生在砂土、酸性土或碱性土，中性壤土不易缺硼，改良土壤调节 pH 值；砂土注意硼砂施用，测定土壤有效硼，因缺补缺，每亩底施 0.5～1kg 硼砂；维持生长期间适宜的温湿度和土壤水分；避免一次性过量施钾，抑制硼的吸收；叶面喷施 0.05%～0.2% 硼砂或 0.02%～0.1% 硼酸水溶液

元素	症状	诊断	防治
铁 （Fe）	新叶黄化，叶芽黄化，苗期缺铁整株黄化，严重缺铁新叶黄白	缺乏	北方石灰性土壤易出现缺铁，选用生理酸性肥料，如硝酸盐类、硫酸盐类；叶面喷施0.5%～1%硫酸亚铁水溶液或100mg/L柠檬酸铁水溶液
锌 （Zn）	小叶病，植株上部小叶丛生；叶脉间叶肉变黄，有黑色斑点或变紫	缺乏	过量施磷诱发缺锌，严控化肥磷肥和有机肥的施用；根外追肥浓度0.02%～0.1%硫酸锌溶液

二、育苗生产环节

（一）种子购买

为了保证种子质量，应选择从信誉好、安全可靠的蔬菜科研院所或种子公司购买种子。

（二）育苗设施、环境要求

目前设施番茄生产一般采用育苗移栽，培育壮苗是番茄优质高产的基础。本书主要介绍工厂化基质育苗技术。

设施与设备　主要有催芽室、绿化室、分苗棚等。有条件的园区可选择智能化温室作为工厂化育苗场所，可分为不同功能区。也可在采光性能好、保温、保湿效果好的日光温室中育苗，分隔出不同的功能区域，以高效利用空间。

育苗室可设置有多层育苗架的育苗车，每层育苗架间隔15cm。也可选用高1m左右、可滑动的育苗床。有些基地直接将育苗盘放置在地上育苗，育苗盘下面设置有加热线。

育苗盘　一般采用穴盘育苗，我国常用的穴盘规格有3种规格，即288孔、128孔和72孔，番茄育苗最常用的是72孔的。穴盘的主要材料有黑色硬塑料和白色泡沫塑料两种（图2-5）。白色泡沫塑料穴盘隔热性能好，夏季育苗穴盘中温度不易上升，幼苗不易徒长，因此更适于夏季育苗；黑色硬塑料穴盘吸热及保温性好，适宜于冬季育苗。

基质 育苗基质应有较大的孔隙度、化学性质稳定、无毒。常用的基质有蛭石、草炭、炭化稻壳、珍珠岩、砂、小砾石、炉渣等。番茄播种常用的基质配方为草炭、珍珠岩、蛭石按体积比6∶3∶1混合均匀配制而成。为避免育苗过程中出现烧根、烧苗或遭受病虫害为害，基质在使用前应先用粉碎机粉碎、再高温堆放发酵，以降低碳氮比，同时还有消毒杀菌的作用。也可直接购买市场上质量好的育苗基质（图2-6），不需粉碎、堆放。基质湿度应以手抓起握紧后指尖微微滴水为宜。基质的外观如图2-7所示。使用过的育苗穴盘应清洗干净并进行消毒处理。

图2-5　72孔黑色硬塑料穴盘

图2-6　基质商品包装

图 2-7 基质外观

营养液 育苗厂或园区一般可根据不同的品种要求直接购买配置好的营养液。

育苗棚设施要求 育苗棚可采用 30 目的防虫网覆盖腰风口和顶风口,将鳞翅目害虫阻隔在外;还可以在苗床上方悬挂黄蓝色板,对蚜虫、粉虱和蓟马进行监测和诱集。

(三)种子处理

由于近几年番茄病毒病、细菌性病害及土传病害的大面积发生,播种前需进行种子消毒。生产者可根据棚室过往病史选择针对性的处理方法。

1. 预防真菌性病害

选用 25g/L 咯菌腈悬浮种衣剂,按种子质量 0.5% 的浓度比例进行种子包衣处理,成本低于 1 元 / 亩,可预防种传、土传的真菌性病害,有效保护期自播种之日起 15 ～ 20 天,较温汤浸种法更有利于安全出苗、齐苗。

2. 预防病毒性病害

番茄病毒病大多可由种子带菌传毒,并可复合感染加重危害。80% 的番茄种子带有不同的病毒病原,以往的种子干热处理对一般农户来说操作较难,改进的化学钝化处理方法为,先用清水浸泡种子 3 ～ 4h,再放入 10% 磷酸钠溶液中浸泡 20 ～ 30min,捞出后用清水冲洗 3 ～ 4 次，以去除残留药液，再进行催芽，效果稳定且方便易行。

3. 预防细菌性病害

用种子质量 1.5% 的漂白粉，加少量水与种子拌匀后放入容器中密闭消毒 16h，清洗后播种；或用 0.02% 浓度新植霉素液浸种 1h；或用 100 万单位农用硫酸链霉素 500 倍液浸 2h 后用清水冲洗 8 ～ 10min 后播种。

（四）播种育苗

选择 72 孔穴盘基质（体积比为草炭：蛭石：珍珠岩＝2∶1∶1）育苗，番茄种子播入穴盘的原则，国外进口种子每穴播 1 粒，国内生产的种子每穴播 2 粒，随后覆盖基质，刮平，均匀洒水浇透，覆盖薄膜或稻草。日历苗龄 45 天左右。壮苗标准：番茄株高 15 ～ 20cm，下胚轴长 2 ～ 3cm，茎粗 0.5 ～ 0.8cm，节间长 2.5cm 左右，4 ～ 6 片叶，叶色深绿，叶片肥厚，根系发达，侧根数量多，植株无病虫为害，无机械损伤（图 2-8 和图 2-9）。

图 2-8　番茄育苗　　　　　　图 2-9　番茄基质苗

（五）苗期管理

播种后温度控制在 25 ～ 30℃，7 天左右苗出齐后适当降低温度，白天 20 ～ 25℃，夜晚 13 ～ 15℃，播种后 25 天左右（2 叶 1 心到第 1 片真叶完全展开）进行分苗，分苗后适当提高温度，白天 25 ～ 28℃，夜晚 15 ～ 18℃，利于缓苗，缓苗结束后适当降低温度，白天 23 ～ 25℃，夜晚 10 ～ 15℃，在定植前 1 周左右进行炼苗，温度白天控制在 20 ～ 23℃，夜晚 10℃左右，直至定植。苗期浇水的原则：低温期浇水，每次浇水充足，减少浇水次数，播种时浇透水，出苗前不浇水，出苗至分苗期间少浇水，分苗后浇透水，到缓苗后再浇水。另外，在床土肥沃、幼苗间距较大、光照充足的情况下，番茄分苗后不要控水蹲苗。光照较弱则要适当控水蹲苗，防止徒长。番茄育苗期间不需要追肥，在苗龄过长或出现脱肥的时候喷洒 0.3% 的磷酸二铵或者尿素水溶液进行叶面追肥。

1. 苗期害虫防治

主要有斑潜蝇、蓟马、粉虱、红蜘蛛、蚜虫等。

（1）天敌防控

释放烟盲蝽防治斑潜蝇和粉虱 以 0.5 ～ 1 头 /m² 的密度在苗床上释放已交配的烟盲蝽雌成虫，同时需投放 0.5g/m² 米蛾卵作为烟盲蝽的补充饲料（已发生粉虱或者斑潜蝇的苗床不需要投放饲料）。烟盲蝽将卵产在番茄幼苗植株上，定植后烟盲蝽若虫孵化，可以预防粉虱发生。

释放东亚小花蝽防治蓟马和蚜虫 按照益害比 1 :（15 ～ 20）的比例释放东亚小花蝽大龄若虫或成虫。

释放瓢虫防治蚜虫 按照益害比 1 :（10 ～ 20）的比例释放 1 龄以上的瓢虫幼虫。可将瓢虫卵卡置于温度 20 ～ 30℃，相对湿度

55%～75% 的环境里 1～3 天，避免阳光直射，观察瓢虫卵孵化后即可将初孵幼虫连同卵卡一同释放于苗床上。

苗床 释放天敌的苗床需用 30 目以上的网纱罩住，以免天敌逃逸。释放天敌后半天内避免浇淋苗床。

（2）生物源和矿物源药剂防治

防治粉虱 可选择 5%D- 柠檬烯可溶液剂 100～125mL/ 亩、95% 矿物油乳油 400～500mL/ 亩、80 亿孢子 /mL 金龟子绿僵菌 CQMa421 可分散油悬浮剂 60～90mL/ 亩、400 亿孢子 /g 球孢白僵菌可湿性粉剂 25～30g/ 亩或 88% 硅藻土可湿性粉剂 1000～1500g/ 亩等喷雾。

防治蓟马 100 亿孢子 /g 金龟子绿僵菌悬浮剂 30～35mL/ 亩或 150 亿孢子 /g 球孢白僵菌可湿性粉剂 160～200g/ 亩等喷雾。

防治蚜虫 1.5% 苦参碱可溶液剂 30～40mL/ 亩等喷雾。

防治叶螨 0.1% 藜芦根茎提取物可溶液剂。

（3）化学防治

苗龄和药剂浓度 苗子发生虫害后，喷药时一定要注意苗龄和药剂浓度。苗龄 1 叶期以后方可用药，药剂浓度宁低不高，否则容易发生药害。

防治斑潜蝇 可用 16% 高氯·杀虫单微乳剂 75～150mL/ 亩或 10% 溴氰虫酰胺可分散油悬浮剂 14～18mL/ 亩等喷雾。

防治蓟马 可用 25% 噻虫嗪悬浮剂 10～20mL/ 亩或 10% 溴氰虫酰胺可分散油悬浮剂 14～18mL/ 亩等喷雾。

防治粉虱 可用 25% 噻虫嗪水分散粒剂 7～15g/ 亩、22.4% 螺虫乙酯悬浮剂 25～30mL/ 亩、2.5% 联苯菊酯水乳剂 20～40mL/ 亩、50g/L 双丙环虫酯可分散液剂 55～65mL/ 亩或 20% 呋虫胺可溶粉剂 15～20g/ 亩等喷雾。

防治蚜虫 可用 28% 阿维·螺虫酯悬浮剂 10 ~ 20mL/ 亩或 10% 溴氰虫酰胺可分散油悬浮剂 33.3 ~ 40mL/ 亩等喷雾。

2. 苗期病害防治

主要有猝倒病、早疫病、茎基腐病等。预防的办法是加强苗床管理，培育壮苗；搞好苗床的温湿度管理，尽量降低苗床湿度，减少发病。

（1）木霉菌（哈茨木霉菌 T22，6 亿 CFU/g）防治土传病害技术

苗床播种后一天，配制 500 倍孢子液喷施基质，用量为打透但不滴水为宜。

主要功能 一是预防及防治由镰刀菌、腐霉菌、立枯丝核菌、核盘菌、灰葡萄孢菌等病原菌引起的植物土传病害。二是可以通过诱导植物产生系统抗病性，同时促进根系对养分的吸收，促进植物的生长，提高植物抗逆能力。三是替代化学农药和肥料，减少因施用化学农药和肥料造成的土壤问题（连作障碍）。

对环境的要求 地温 10 ~ 34℃，pH 值 4 ~ 8.5，可在各种植物生长介质中与各种植物的根系所共生。储藏在 0 ~ 10℃，短时间（3 ~ 4 天）可储藏在室温（25℃）环境下。

与化学农药的相容性 在应用木霉菌剂前后 1 天，避免使用化学杀菌剂处理土壤（基质）。在应用木霉菌剂前后 3 天，均不可施用如下杀菌剂：戊唑醇（富力库、立克莠）、丙环唑（敌力脱）、苯菌灵（苯来特）、抑霉唑（烯菌灵、戴唑霉、万利得）、对甲抑菌灵（甲苯氟磺胺）、氟菌唑（特富灵）。

（2）化学药剂防治

发病后可喷洒 72.2% 普力克水剂 1000 倍液或 64% 杀毒矾可湿性粉剂 600 倍液。

三、健康栽培技术

（一）棚室表面消毒

1. 高温闷棚

夏季蔬菜拉秧后，深翻土壤，耙平地面，浇透水，铺上地膜，密闭设施通风口，覆盖塑料棚膜 10～15 天，使设施内空气温度高达 60～70℃，土壤表层温度高达 40～50℃，可有效杀灭土壤中的病菌和害虫，达到防治病虫害的目的。

2. 生物熏蒸剂消毒

使用复合生物熏蒸剂异硫氰酸烯丙酯对土壤及棚室表面进行消毒。异硫氰酸烯丙酯（辣根素）来源于植物，属于环境友好型化合物，是国际上替代溴甲烷的重要产品，很多国家将其应用于土壤消毒处理。20% 异硫氰酸烯丙酯水乳剂属于新型植物源熏蒸剂，经试验和大面积示范证明，异硫氰酸烯丙酯可有效杀灭土壤中多种微生物、害虫、根结线虫等，对环境安全，无污染，可用于有机、绿色农产品生产。具体消毒方法如下。

① 关闭棚室门窗和上下风口，检查棚膜是否破裂，若有需提前修补，确保棚室能够完全密闭。

② 调试准备相应施药器械，可选用常温烟雾施药机、远程机动喷雾器等高效施药器械进行喷雾。

③ 棚室消毒使用辣根素水乳剂 1 ~ 3L/ 亩，常规消毒 1L/ 亩即可。

④ 施药时，技术人员根据器械施药效率掌握行走速度，均匀对空喷雾，确保药液全部施完。

⑤ 施药后，密闭棚室 72h，次日打开风口通风 2 ~ 3 天后即可进行农事操作。

（二）土壤消毒

1. 土壤消毒的必要性

随着北京地区设施蔬菜的发展及连年种植，致使多种土传病害的发生日趋严重。适时地开展土壤消毒可减轻土传病害发生程度，并有利于结合生物菌肥等措施快速改良土壤，是恢复设施土壤生产力的有效途径。利用太阳能与有机质高温处理、臭氧熏蒸处理、药剂处理等技术，可有效防治多种蔬菜枯萎病、黄萎病、菌核病、疫病、立枯病、根结线虫病等土传病害和各种地下害虫。土壤消毒使用的药剂有生物制剂和化学药剂。

2. 生物制剂消毒

辣根素（异硫氰酸烯丙酯）土壤消毒方法如下。

① 整地、施肥且深翻土壤 35cm 以上，清除植株残体。

② 做垄并铺设滴灌带，整体或单垄覆盖塑料薄膜，用土将所覆薄膜四周压实。

③ 适量浇水，使土壤湿度控制在 70% 左右。

④ 将辣根素水乳剂（用量根据上一茬作物的病虫害发生情况而定，一般建议 3 ~ 5L/ 亩）兑水 15 ~ 20L，搅拌均匀，随清水

一同滴灌（辣根素滴灌不宜过快，建议 30min 左右），辣根素滴完后保持继续滴灌清水 1 ～ 2h。

⑤密封 3 ～ 5 天后打开薄膜，5 天后即可定植。

3. 化学药剂消毒

主要介绍 3 种常见的化学药剂消毒方法。

（1）氯化苦（Chloropicrin）

氯化苦又名氯苦、确基氯仿，化学名称为三氯硝基甲烷，分子式为 CCl_3NO_2，是一种对真菌、细菌、昆虫、螨类和鼠类均有杀灭作用的熏蒸剂，尤其对重茬病害有很好的防治效果。连续使用对土壤及农作物无残留，也无不良的影响，对地下水无污染。

应用范围及作用特点　氯化苦具有杀虫、杀菌、杀线虫和灭鼠等作用，但毒杀作用比较缓慢。药效与温度呈正相关，温度高时，药效显著。

施药技术　氯化苦属于危险化学品，是国家公安、安检部门专项管理的产品之一。该产品用于农业土壤消毒，防治草莓重茬病害。经试验，效果良好，且无残留、无公害。发达国家将该产品主要用于土壤消毒，是联合国环境规划署（UNEP）甲基溴技术选择委员会（MBTOC）推荐的重要替代产品之一。但该产品在施药技术、安全运输保管、专用施药机械、工具养护等方面有严格要求。

土壤条件　旋耕 20cm 深，充分碎土，捡净杂物，特别是作物的残根。由于氯化苦不能穿透病残体的内部，不能杀灭残体内部的病原菌，这些病原菌很容易成为新的传染源。土壤湿度对氯化苦的使用效果有很大的影响，湿度过大、过小都不宜施药。

施药方法　使用专用的氯化苦施药机械进行施药，施药时土温应在 5℃以上（图 2-10）。

图 2-10　氯化苦机械消毒现场

覆膜熏蒸　施药后，应立即用塑料膜覆盖，膜周围用土盖上。地温不同，覆盖时间也不同。低温：5～15℃，20～30 天。中温：15～25℃，10～15 天。高温：25～30℃，7～10 天。在施药前，首先准备好农膜，边施药边盖膜，防止药液挥发。用土压严四周，不能跑气漏气。农户需随时观察，发现漏气，及时补救，否则影响药效。严重者应重新施药进行熏蒸。

（2）威百亩（Metam sodium）

威百亩又名维巴姆、线克、斯美地、保丰收。化学名称 N- 甲基二硫代氨基甲酸钠，分子式为 $C_2H_4NNaS_2 \cdot 2H_2O$，是一种具有杀线虫、杀菌、杀虫和除草活性的土壤熏蒸剂。

应用范围及作用特点　威百亩为具有熏蒸作用的土壤杀菌剂、杀线虫剂，兼具除草和杀虫作用，用于播种前土壤处理。对黄瓜根结线虫病、花生根结线虫病、烟草线虫病、棉花黄萎病、苹果子纹羽病、十字花科蔬菜根肿病等均有效，对马唐、看麦娘、马齿苋、豚草、狗牙根、石茅和莎草等杂草也有很好的防治效果。

土壤条件　土壤质地、湿度和 pH 值对威百亩的释放有影响。

在处理前，应确保无大土块；土壤湿度必须是 50% ～ 75%，在表土 5.0 ～ 7.5cm 处的土温为 5 ～ 32℃。

施药方法 滴灌施药，消毒现场见图 2-11。首先安装好滴灌设备，将威百亩试剂溶于水，然后采用负压施药或压力泵混合进行滴灌施药。施药的浓度应控制在 4% 以上，如浓度过低，威百亩易分解，用水应为 20 ～ 40L/m²。

图 2-11　威百亩消毒现场

（3）棉隆（Dazomet）

棉隆又名必速灭、二甲噻二嗪。化学名称四氢化 -3,5- 二甲基 -2H-1,3,5- 噻二嗪 -2- 硫酮，分子式为 $C_5H_{10}N_2S_2$。适用于果菜类蔬菜地土壤消毒。

应用范围及作用特点 棉隆是一种广谱性的土壤熏蒸剂，可用于苗床、新耕地、盆栽、温室、花圃、苗圃、木圃及果园等。棉隆施用于潮湿土壤中时，会产生异硫氰酸甲酯气体，迅速扩散至土壤团粒间，使土壤中各种病原菌、线虫、害虫及杂草无法生存而达到杀灭效果。对土壤中的镰刀菌、腐霉菌、丝核菌、轮枝菌和刺盘孢菌等，以及短体线虫、肾形线虫、矮化线虫、剑线虫、垫刃线虫、根结线虫和孢囊线虫等有效，对萌发的杂草和地下害虫也有很好的防治效果。

使用方法 施药前应仔细整地，撒施或沟施，旋耕深度20cm（图2-12）；施药后立即混土，加盖塑料薄膜，如土壤较干燥，施用棉隆后应浇水，相对湿度应保持在70%以上，然后覆上塑料薄膜，土壤的温度应在6℃以上，最好在12～18℃。覆膜天数受气温影响，温度低，覆膜时间就长。揭膜后，翻土透气，土温越低，透气时间越长。因为棉隆的活性受土壤的温度、湿度及结构的影响，施药的剂量应根据当地条件进行调整。

图2-12 棉隆机消毒操作现场

4. 土壤消毒与修复

近年来，土壤消毒与微生物有机肥联用在农田连作障碍治理中展示了良好的应用效果。该技术将"土壤熏蒸＋生物有机肥"相结合，即首先对土壤进行化学消毒，然后向土壤中施入微生物有机肥，通过人工补充外源拮抗微生物，形成抑病型的土壤微生物区系，提升耕地土壤的健康质量，减少农用化学品的投入，促进植株健康生长。

（三）两网覆盖

在棚室通风口、入口处加挂 30 ～ 50 目防虫网，阻隔鳞翅目和烟粉虱等害虫，通常每亩需防虫网 320m²；高温季节使用遮阳网，预防病毒病，通常每亩需遮阳网 800m²。

（四）整地施肥

参照本章"一、化肥减量与土壤改良技术"中"（四）氮磷钾及有机肥推荐原则与方法"。

高糖番茄适宜砂性土以及土壤贫瘠的黄沙土地、盐碱地（pH值 7 ～ 8）栽培，不适宜土壤肥沃的黑土地以及黏性强的土壤栽培。

（五）定　植

根据番茄不同品种和不同栽培模式，合理确定栽植密度。合理的种植密度可以使植株个体生长健壮，增加透气和透光，降低棚室湿度，减少病害发生概率，并可提高果品的质量和产量。温室内温度高于 10℃，10cm 土温超过 10℃ 的晴天上午，幼苗真叶在 7 片以上时开始定植，定植深度为第 1 片真叶与地面平齐，少许覆土后，沟内浇足水。然后起垄、覆膜。高糖番茄适于密植。定植株距25 ～ 30cm，行距 30 ～ 35cm，采用大垄双行定植，每亩定植株数为 2500 ～ 3500 株。

（六）田间管理

1. 水肥一体化

将灌溉与施肥相结合，将固体肥料或液体肥料随水一起均匀、准确地输送到作物根部土壤。水肥一体化技术可以按照番茄植株的生长需求，进行全生育期的养分需求设计，便于后期追肥。温室番茄后期一般灌水量为 $10 \sim 12m^3/$ 亩。定植至开花期间选择高氮型水溶肥，每亩施用 $4 \sim 7kg$，每隔 7 天追施一次；坐果后至拉秧期间选择高钾型水溶肥，每亩 $7.5 \sim 10kg$，每隔 10 天追施一次。水肥一体化具有节水 $40\% \sim 50\%$、节肥 $20\% \sim 30\%$ 的潜在优势，对于番茄来说，还可以增加地温 $3 \sim 5℃$，降低空气相对湿度 14%，增强作物抗逆性，减少病虫害发生，减少农药用量 $15\% \sim 30\%$，省工 $10\% \sim 15\%$，减少番茄畸形果 21%，增产 $10\% \sim 20\%$。对于北京这个水资源短缺的城市来说，以水肥一体化为代表的节水农业是未来农业的发展趋势。

如生产棚室上茬土传病害较重，可配合随水滴灌木霉菌防治土传病害，达到水肥药一体化。木霉菌（哈茨木霉菌 T22，6 亿 CFU/g）随水滴灌防病技术：定植当天或后一天，500 倍，滴灌或灌根（每棵 100mL 水）；之后间隔 15 天一次，配制 1000 倍液，滴灌（每棵灌根 200mL 水），整个生长期施用 $3 \sim 4$ 次。

2. 环境调控技术

温度管理　以温度调控为核心，白天温度控制在 $25 \sim 28℃$，最高不超过 $32℃$；夜间控制在 $13 \sim 18℃$，最低不低于 $10℃$。

湿度管理　温室内最佳湿度维持在 $60\% \sim 80\%$。执行"一日三放风"制度，即早晨卷起棉被后 1h 左右，放风 $15 \sim 20min$，风口 10 ~ 15cm，结束后关闭风口；当温室内温度上升至 28 ~ 30℃时，风口应由小到大逐渐拉开，使温度控制在 30℃以下，下午温室内温度逐渐降低时要逐渐关小风口保温，使温度保持在 22℃以上，当低于 22℃时即完全关闭风口；下午放棉被前 30min 左右，开小风口放风 15min，排出温室内的湿气，同时补充新鲜空气，当温室温度在 20℃左右时可以关闭风口放下棉被。

光照管理 采用高透光率 PO 膜，定期清理棚膜保证透光率不低于 70%。整个生育期保持光照在 1 万 lx 以上，配套应急补光灯具，根据光照数据必要时开启补光灯，保持光照时间 12h 以上。

二氧化碳管理 于 11 月至翌年 5 月，采用液化二氧化碳气瓶装置增施二氧化碳，通过电磁阀和传感器检测温室内二氧化碳浓度，晴天 10—15 时释放 1.5kg 二氧化碳。

3. 植株调整技术

吊秧 番茄定植后 2 ~ 3 周开始吊秧。具体方法：将吊蔓专用落蔓钩上部固定在温室吊线上，下部吊线固定在植株基部，植株主干按顺时针方向缠绕在吊绳上，落蔓钩可在铁丝上移动。

绕秧打杈 吊秧完成后 1 周左右开始绕秧、打杈操作。将番茄植株中上部按照顺时针方向缠绕到吊绳上，每次绕 2 ~ 3 圈，吊绳避开新开放花穗。绕秧后进行打杈操作，侧枝长出后可尽早去除，以减少营养消耗。

熊蜂授粉 传统栽培的番茄，为了保证坐果率，通常采取蘸花的方式授粉，蘸花后的番茄很少或者没有种子，极大影响番茄的口感。采用熊蜂授粉措施，果实种子饱满，汁液丰富，口感佳。此外，熊蜂授粉省时省力，蔬菜产量和品质得到极大提高，从而能提高菜农收益。熊蜂进行授粉时，每亩放置 1 箱熊蜂。蜂箱放置在通风防晒的地点，注意位置和方向。每隔 45 天更换一次。当温室内 20% 的植株开花时释放熊蜂，每日检查"吻痕"，种植过程中，如果需要喷药，施药的前一天下午收回熊蜂，转移到其他地方，用药过后要及时通风，让空气中残留的农药尽快散去，等到过了用药间隔后，再将使用的蜂箱复位。避免施用高毒高残农药和杀虫剂。

摘叶打杈 番茄第 1 穗果实开始转色后进行摘叶。第 2 穗、第 3 穗果实转色时，打掉最下部叶片；等第 6 穗果坐住以后，第 3 穗果以下的叶片可全部打掉，以利于番茄下部透气透光。

注意打杈时间 打杈宜在晴天 10—14 时进行，温度高、湿度低，易于伤口愈合，降低被病原菌侵染的概率。

注意打杈顺序 如果打杈时期处于连阴天，在打叶后可涂抹百菌清或者用过磷酸钙封住伤口，防止病菌从伤口侵入。

补充营养 在整枝打杈后可喷施叶面肥，补充营养所需，此时可以补充一些类似多种微量元素肥料，再加上一些生物刺激物类物质，用来调控营养，使营养供应生殖生长。

落蔓 当植株坐果至 7 穗果时开始进行落蔓操作。具体操作方法：将番茄吊绳挂钩沿同一方向翻转放绳，落蔓 20 ～ 30cm，挂钩翻转放绳后向同一方向平移 20 ～ 30cm 重新固定，完成落蔓。落蔓每周进行一次，避免扭裂或折断茎蔓，植株吊蔓高度保持一致。

疏花疏果 为生产优质番茄果实，当坐果太多时，需要疏除部分果实。如果一个果穗上结的果实太多，往往因植株供应养分不足和光照条件差，造成果实太小不匀，畸形果率增加，平均单果重量减轻，影响果实品质和产量。因此，疏果能提高果实品质和增加优质果产量。疏果时间宜在计划选留的果实坐住并长至蚕豆大小时进行，及时摘除畸形果、虫咬果和病果，每穗选留果实数量要因品种结果习性和整枝方式而异。要注意单果重量大的品种每穗留果数量宜少，一般 2～3 个；中等或偏大型品种每穗可留果 4～5 个；中小型品种每穗应多留，一般留 6～8 个；目前大多数口感型番茄每穗留果 4～6 个。樱桃番茄品种一般不疏果。要选留健壮、周正、并着生于向阳空间处的大果，注意不要留"对把果"，把不需要保留的幼果和晚花全部摘除，使植株集中养分供养选留的果实，以加速果实的生长膨大。

采收　当番茄果实开始变色时就应及时采收。特别是远距离运输的要在变色期前或绿熟期采收。早春茬大棚番茄的主要目标是早熟，除选用适于早熟的品种外，在果实后熟期用乙烯利800～1000 倍液涂抹，可提前 5～7 天上市。做好大棚的通风透光，接受阳光照射，以利果实上色均匀。注意采用小水勤浇的方法减少裂果的发生。一般生产基地主要采取社区配送、专供超市、礼品盒包装等形式进行销售，采摘时间可以根据不同需求确定，社区配送的即食番茄可以正常成熟后采摘，如果是外地客户需要物流或快递途径可以在八九成熟时期采摘，以防成熟过度，不宜运输。包装时使用专用的扣盒和网隔，将挑好的番茄套上泡沫网袋，装入包装盒。

四、病虫害减药防治技术

（一）农业防治

1. 改善蔬菜生产环境

完善园区或棚室水利设施，健全排灌系统，做到番茄需水时能及时灌溉，雨后能及时排水，降低地下水位。改善土壤物理性状，增施腐熟安全的有机肥料，增加土壤有机质与营养成分，为作物提供有利环境。

2. 优化农业设施和材料

采用适合本地自然环境、满足作物生长需求的棚室结构，以利于采光、控温控湿，采用防雾、防滴、防老化、透光率高的棚膜，以利于改善大棚的透光性、保温性和防尘效果。华北地区秋冬季节低温寡照天气较多，应尽量安装补光灯和加温设备，保障番茄正常生长。

3. 选用抗病品种

番茄的不同类型和品种之间抗病能力差异较大，要针对当地病虫害发生规律、番茄主要病虫害的类型，选用适合当地栽培的、具有较强抗病性的优良品种，对防治病虫害、减少农药用量，生产绿色或有机番茄具有良好的效果。

4. 合理轮作倒茬

合理轮作倒茬不但使土壤养分得到均衡利用，而且番茄生长健壮，抗病能力强，还可以切断专性寄主、单一的病虫食物链和世代交替环节，也能使生态适应性差的病虫因条件变化而难以生存、繁殖，从而改善菜园生态环境。采用与非茄果类作物和番茄品种之间2～3年轮作，可减少病虫害的传播和改善田间生态环境。

5. 清洁田园

定植前对整个园区进行全面清洁，包括清除杂草、植株残体，集中回收废弃物等。生产期随时摘除病叶、病果，减少病源，带到棚室外集中妥善处理，防止病害扩散传播。收集的病残体要进行无害化处理，减少生产环境中病虫来源。

（二）侵染性病害减药防治技术

1. 立枯病

（1）症　状

图 2-13　立枯病幼苗病状

刚出土幼苗及大苗均可发病。病苗茎基变褐，后病部缢缩变细，茎叶萎垂枯死；稍大幼苗白天萎蔫，夜间恢复，当病斑绕茎一周时，幼苗逐渐枯死，但不呈猝倒状；病部初生椭圆形暗褐色斑，具同心轮纹及淡褐色蛛丝状霉，但有时并不明显，菌丝能结成大小不等的褐色菌核，是该病与猝倒病（病部产生白色絮状物）区别的重要特征。立枯病幼苗病状见图 2-13。

（2）发生规律

此病由真菌立枯丝核菌（*Rhizoctonia solani*）侵染所致。该病菌属真菌界担子菌门，无性型属丝核菌属，有性型属瓜亡革菌属。该菌不产生孢子，主要以菌丝体传播繁殖。病菌以菌丝体或菌核在土中越冬。菌丝能直接侵入寄主，通过水流、农具、带菌堆肥等传播。病菌喜高温、高湿环境，发病最适宜的条件为温度 20℃左右。感病生育期在幼苗期。土壤水分多、施用未腐熟的有机肥、播种过密、幼苗生长衰弱、土壤酸性等的田块发病重。育苗期间阴雨天气多的年份发病重。

（3）防治方法

生物防治

1 亿活芽孢 /g 枯草芽孢杆菌微囊粒剂 100 ～ 167g/ 亩喷雾；3 亿 CFU/g 哈茨木霉菌可湿性粉剂 4 ～ 6g/m² 灌根。

化学防治

0.1% 吡唑醚菌酯颗粒剂 35 ～ 50g/m² 苗床撒施；1% 丙环·嘧菌酯颗粒剂 600 ～ 1000g/m³ 基质拌药；30% 精甲·噁霉灵可溶液剂 1.4 ～ 1.6mL/m² 苗床喷雾；15% 噁霉灵水剂 6 ～ 12mL/m² 苗床喷洒；60% 氟胺·嘧菌酯水分散粒剂 35 ～ 45g/ 亩灌根。

2. 早疫病

番茄早疫病又称轮纹病、夏疫病，是由半知菌亚门从梗孢目链格孢属的茄链格孢菌（*Alternaria solani*）侵染引起的，除番茄外，还能为害马铃薯、茄子和辣椒等。

（1）症 状

番茄早疫病菌能侵害叶、茎和果实。叶片被害，初呈深褐色或黑色圆形或椭圆形的小斑点，逐渐扩大，达 1 ～ 3cm，边缘深褐色，中央灰褐色，有同心轮纹。天气潮湿时，病斑上长有黑色霉层，即分生孢子梗和分生孢子。病害常从植株下部叶片开始，渐次向上蔓延。发病严重时，植株下部叶片完全枯死。茎部病斑多数在分枝处发生，灰褐色，椭圆形，稍凹陷，也有同心轮纹。发病严重时，可造成断枝。幼苗常在接近地面的茎部发病，病斑黑褐色。病株后期茎秆部常布满黑褐色的病斑，因此有"乌脚膀"之称。果实上病斑多发生在蒂部附近和有裂缝的地方，近圆形，褐色或黑褐色，稍凹陷，也有同心轮纹，其上长有黑色霉。病果常提早脱落。发病严重

图 2-14　叶部症状

时，可引起落叶、落果和断枝，减产在 30% 以上。早疫病叶部症状见图 2-14。

（2）发生规律

带菌种子是病害远距离传播的有效媒介，灌溉水、农事作业和昆虫也能传播，特别是雨滴飞溅，把病菌带到植株上，常引起下部叶片先发病，在条件适宜时，病菌侵入寄主后只需 2 ～ 3 天就可形成病斑，再经过 3 ～ 4 天，即可产生大量的分生孢子，引起多次重复的再侵染。

温湿度与发病密切相关。温度保持 15℃ 左右，相对湿度在80% 以上，病害开始发生。气温保持 20 ～ 25℃，病情发展最快。露地栽培重茬地、地势低洼、排灌不良、栽植过密、贪青徒长、通风不良发病较重。昼夜差大，相对湿度高，易结露，番茄叶片上常有一层水膜，利于病害的发生与蔓延。该病多在结果初期开始发生，结果盛期病害重。此时植株营养大量向果实输送，叶、茎光合作用产物含量低，因此易被病菌侵染。水肥供应良好，植株生长健壮，病害轻。连茬地土壤中累积的菌量多，田间排水不良或种植过密造成间湿度大，或粮田改种番茄后基肥不足，发病均重。

（3）防治方法

农业防治

选育抗病品种　定植前结合整地施肥搞好田园卫生，及时清除病叶、残枝和病果，并集中销毁。

加强栽培管理 施足基肥，适时追肥，或使用蔬菜专用肥，做到盛果期不脱肥，提高寄主抗病性。合理密植，及时绑架、整枝和打底叶，利于通风透光。保护地番茄重点抓生态防治，控制温湿度。

温汤浸种 种子带菌，用 52℃温汤浸种 30min。

生物防治

发病前或发病初期，选用 3 亿 CFU/g 哈茨木霉菌叶部型 300 倍液稀释喷雾，每 10～15 天一次，发病严重时，缩短用药间隔，每 5～7 天一次；或用 10% 多抗霉素可湿性粉剂 500 倍液、枯草芽孢杆菌可湿性粉剂 1000 倍液喷雾。

化学防治

30% 碱式硫酸铜悬浮剂 110～150mL/ 亩、400g/L 氯氟醚·吡唑酯悬浮剂 20～40mL/ 亩、9% 互生叶白千层提取物乳油 67～100mL/ 亩、31% 噁酮·氟噻唑悬浮剂 27～33mL/ 亩、60% 唑醚·代森联水分散粒剂 40～60g/ 亩、50% 二氯异氰尿酸钠可溶粉剂 75～100g/ 亩、29% 戊唑·嘧菌酯悬浮剂 30～40mL/ 亩、25% 嘧菌酯悬浮剂 24～32mL/ 亩、35% 氟菌·戊唑醇悬浮剂 25～30mL/ 亩、43% 氟菌·肟菌酯悬浮剂 15～25mL/ 亩、12% 苯甲·氟酰胺悬浮剂 56～70mL/ 亩、560g/L 嘧菌·百菌清悬浮剂 75～120mL/ 亩、68.75% 噁酮·锰锌水分散粒剂 75～94g/ 亩、500g/L 异菌脲悬浮剂 75～100mL/ 亩、77% 氢氧化铜可湿性粉剂 133.4～200g/ 亩、10% 苯醚甲环唑水分散粒剂 85～100g/ 亩或 70% 丙森锌可湿性粉剂 125～187.5g/ 亩等喷雾。

3. 晚疫病

番茄晚疫病又称番茄疫病,是由疫霉菌(*Phytophthora infestans*)侵染引起的。该病是一种毁灭性的病害,在番茄种植区域普遍发生。特别是在冬季设施栽培的番茄,因高湿低温易发病。该病一旦发生传播迅速,一般减产 50% 左右,严重时毁种绝收。2021 年 11 月北京市设施番茄产区晚疫病发病率达 90% 以上,病株率平均为 30% ~ 50%。

（1）症 状

番茄晚疫病在番茄的整个生育期均可发生,幼苗、叶、茎、果实均可发病。

幼苗发病 初期叶片产生暗绿色水浸状病斑,并逐渐向主茎蔓延,使茎基部变细,呈水渍状缢缩,最后整株萎蔫或折倒,湿度大时病部表面着生白色霉层。

叶片发病 多从植株中下部叶尖或叶缘开始,逐渐向上部叶片和果实蔓延,初期为暗绿色,不规则水渍状病斑,病健交界处无明显界限。空气湿度较大时,病斑会迅速扩展,叶背边缘可见一层白色霉层。空气干燥时病斑呈浅褐色,继而变为暗褐色后干枯(图 2-15)。

图 2-15 晚疫病叶部症状

茎秆发病 初呈水渍状,渐呈暗褐色或黑褐色腐败状,病茎部组织变软,水分供应受阻,严重的病部折断,植株萎蔫(图 2-16)。

果实发病 多从青果近果柄处发病，病斑呈不明显的油渍状大斑，逐渐向四周发展呈云状不规则斑，病斑边缘没有明显界限，后期逐渐变为深褐色（好像铁锈）（图 2-17），病斑稍凹陷，病果质硬不软腐，周缘不变红，潮湿时病斑表面产生一层白色霉状物，发病严重时果实病部出现条状裂纹。

图 2-16 晚疫病茎部症状　　　图 2-17 晚疫病果部症状

（2）发生规律

环境因素不利 番茄晚疫病是一种低温高湿型病害，白天气温在 22～24℃，夜间在 10～13℃，相对湿度在 80% 以上时即可侵染植株，尤其在连阴雨、弱光照的条件下更易发生流行。田间前期有连阴雨天气，如遇后期突然降温，极易造成晚疫病高发。

品种抗病能力差 植株感病番茄品种，易引起番茄晚疫病的发生流行。

栽培条件不利 植株郁闭，地势低洼，排水不畅，造成田间湿度过大，有利于病害的发生；土壤贫瘠，植株衰弱，或偏施氮肥造成植株徒长，均有利于病害的发生。

番茄与茄果类蔬菜连作 许多地区由于耕地少，蔬菜轮作倒茬困难，存在番茄与茄果类蔬菜连茬种植或番茄与茄果类蔬菜间套作，一旦上茬番茄晚疫病发生严重，则为下茬番茄种植提供了大量的病源。

（3）防治方法

农业防治

种植抗病品种　国内较抗番茄晚疫病品种有渝红2号、圆红、中蔬5号、中蔬4号、佳红、强丰、佳粉10号等。

轮作换茬　防止连作，应与十字花科蔬菜实行3年以上轮作，避免和马铃薯相邻种植。

培育无病壮苗　病菌主要在土壤或病残体中越冬，因此，育苗土必须严格选用没有种植过茄科作物的土壤，提倡用营养钵、营养袋、穴盘等培育无病壮苗。

加强田间管理　施足基肥，实行配方施肥，避免偏施氮肥，增施磷、钾肥。定植后要及时除杂草，根据不同品种结果习性，合理整枝、摘心、打杈，减少养分消耗，促进主茎的生长。

合理密植　根据不同品种生育期长短、结果习性，采用不同的密植方式，例如，双秆整枝的每亩栽2000株左右，单秆整枝的每亩栽2500～3500株，合理密植，可改善田间通风透光条件，降低田间湿度，减轻病害的发生。

关注天气预报　秋冬茬番茄生产要随时关注天气预报，及时开展预防。突然降温到来之前，要做好棚室保温，避免作物受低温冻害之后，感染晚疫病菌。2021年北京地区9月降水量明显高于往年同期，进入11月之后突遇降温，棚室内土壤和外部环境湿度积累变高，造成晚疫病大流行，产量损失严重。建议生产者在预报降温的前几天在做好保温措施的同时，喷施防治晚疫病的药剂进行预防，可大大降低田间发病率。在低温寡照天气结束之后，及时在光照好、温度高的上午到中午时段通风降湿，利于作物恢复。

生物防治

0.3% 丁子香酚可溶液剂 88 ～ 117g/ 亩、2% 几丁聚糖水剂 125 ～ 150mL/ 亩、1.5% 多抗霉素可湿性粉剂 150 ～ 200 倍液、0.5% 氨基寡糖素水剂 187 ～ 250mL/ 亩或 100 万孢子 /g 寡雄腐霉菌可湿性粉剂 6.67 ～ 20g/ 亩等叶面喷雾。

化学防治

在疫病大范围发生时，喷洒农药是防治番茄晚疫病最有效的方法，但要注意喷洒药液要及时、周到，以防为主。在番茄发病初期，喷洒 687.5g/L 氟菌·霜霉威悬浮剂 60 ～ 75mL/ 亩、68% 精甲霜·锰锌水分散粒剂 100 ～ 120g/ 亩或 72% 霜脲·锰锌可湿性粉剂 133 ～ 180g/ 亩；茎部病斑可用高浓度药液涂抹，可选用 56% 嘧菌酯百菌清 1000 倍液或 50% 甲基托布津可湿性粉剂 200 倍液。不管是病叶喷药或病茎涂药，每 7 ～ 8 天一次，连续 2 ～ 3 次，但要注意施药后 10 天不可摘果上市。

4. 灰霉病

（1）症 状

灰霉病由灰葡萄孢（*Botrytis cinerea* Pers.）侵染引起的，可以侵染叶片、茎蔓、花和果实。病害发生初期引起植物组织腐烂，后期会在发病部位出现灰色霉层，故得名为灰霉病，灰色霉层即为分生孢子梗和分生孢子（图 2-18）。幼苗发病，叶片和叶柄上产生水浸状腐烂，严重时可扩展到幼茎，腐烂折断，育苗床幼苗感病通常会死亡；植株叶片发病常常从叶尖或叶缘开始，呈现"V"形病斑（图 2-19），潮湿时病部长出灰色霉层，干燥时病斑呈灰白色；花瓣染病导致花器枯萎脱落；幼果发病部位通常在果蒂部，如烂花和烂果附着在茎部，会引起茎秆腐烂，造成植株死亡（图 2-20 和图 2-21）。

图 2-18 番茄灰霉病果实症状

图 2-19 灰霉病叶部症状

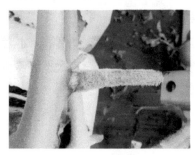
图 2-20 打叶后伤口被侵染

图 2-21 打杈后伤口被侵染

（2）发生规律

越冬后土壤中的菌核，在适宜的条件下，产生出分生孢子借风雨在田间传播，成为初侵染源。发病后又产生大量的分生孢子，靠气流、雨水、灌水、农事操作或架材等传播，进行再侵染。

（3）防治方法

生物防治

发病前或发病初期，选用 3 亿 CFU/g 哈茨木霉菌叶部型 300 倍液或寡雄腐霉喷雾，每 10 ～ 15 天一次，发病严重时，缩短用药间隔，每 5 ～ 7 天一次；枯草芽孢杆菌 500 倍液，每 7 天用药一次；0.5% 小檗碱盐酸盐水剂 200 ～ 250mL/ 亩喷雾；1% 香芹酚水剂 58 ～ 88mL/ 亩喷雾；0.3% 丁子香酚可溶液剂 86 ～ 120mL/ 亩喷雾；1.5% 苦参·蛇床素水剂 40 ～ 50mL/ 亩喷雾。

化学防治

43% 啶酰菌胺悬浮剂 30 ～ 50mL、25% 腐霉·福美双可湿性粉剂 60 ～ 100g/ 亩、50% 异菌脲可湿性粉剂 75 ～ 100g/ 亩、42.4% 吡唑醚菌酯和氟唑菌酰胺合剂的悬浮剂 150 ～ 225g/ 公顷、20% 嘧霉胺悬浮剂 450 ～ 540g/ 公顷、50% 腐霉利可湿性粉剂 375 ～ 750g/ 公顷、30% 嘧环·戊唑醇乳油 40 ～ 60mL/ 亩、10% 抑霉唑硫酸盐水剂 60 ～ 75mL/ 亩或 40% 双胍三辛烷基苯磺酸盐可湿性粉剂 30 ～ 50g/ 亩等叶面喷雾。

5. 根结线虫病

（1）症 状

番茄根结线虫病是由南方根结线虫（*Meloidogyne incognita*）侵染引起的，根结线虫主要为害根部，主根、侧根和须根均可被侵染，以侧根和须根受害为主。苗期染病危害较重。植株根部受害后形成的根结呈淡黄色葫芦状，前期表面光滑，后期表面龟裂、褐色，剥开根结可见鸭梨状乳白色雌虫。受害后形成的根结上通常可长出细弱的新根，并再度受到侵染，最终形成链珠状根结（图 2-22）。初期病苗表现为叶色变浅，中午高温时萎蔫。重病植株生长不良，显著矮化、瘦弱、叶片萎垂，由下向上逐渐萎蔫，影响结实，直至全株枯死。

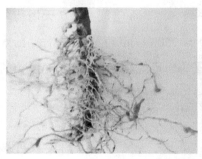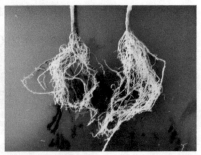

图 2-22　番茄根结线虫病根部症状

（2）发生规律

病原以成虫、2 龄幼虫或卵随病残体遗留在土壤中越冬，可存活 1～3 年。初侵染源主要是通过病土、病苗及灌溉水传播。远距离传播通常是借助于流水、风、病土搬迁、带病的种子，以及农机具沾带的病残体和病土。

（3）防治方法

生物防治

20% 异硫氰酸烯丙酯水乳剂 3～5kg/ 亩土壤喷雾并覆膜熏蒸；2 亿活孢子 /g 淡紫拟青霉 2～3kg/ 亩拌土均匀撒施，2.5kg/ 亩拌土沟施或穴施；2 亿活孢子 /g 厚孢轮枝菌 2～3kg/ 亩拌土均匀撒施，2.5kg/ 亩拌土沟施或穴施；100 亿芽孢 /g 坚强芽孢杆菌可湿性粉剂 400～800g/ 亩灌根；2 亿 CFU/mL 嗜硫小红卵菌 HNI-1 悬浮剂 400～600mL/ 亩灌根；10 亿 CFU/mL 蜡质芽孢杆菌悬浮剂 4.5～6.0L/ 亩灌根；0.5% 阿维菌素可溶液剂 1500～2000mL/ 亩灌根。

抗线虫菌剂＋抗重茬菌剂（含有枯草芽孢杆菌、解淀粉芽孢杆菌、淡紫拟青霉、短小芽孢杆菌等多菌株复配而成，有效孢子含量

为 5 亿 CFU/g）防治根结线虫。基施：两种微生态制剂各 10kg/ 亩，
定植以前基施，整地后土下 10cm 左右做畦。随水施药：定植后
10 天，两种微生态制剂各 5kg/（次·亩），放在施肥罐里，正常浇
水时使用，把根系浇湿即可，间隔 20 天用一次水剂，每茬用 2 ～
3 次。

化学防治

定植期防治　10% 噻唑膦颗粒剂 1.5kg/ 亩拌土，均匀撒施、沟
施或穴施；0.5% 阿维菌素颗粒剂 18 ～ 20g/ 亩，拌土撒施、沟施
或穴施；5% 硫线磷颗粒剂 0.35 ～ 0.45kg/ 亩，拌土撒施；5% 丁
硫克百威颗粒剂 0.25 ～ 0.35kg/ 亩，拌土撒施；3.2% 阿维·辛硫
磷颗粒剂 0.3 ～ 0.4kg/ 亩，拌土撒施；41.7% 氟吡菌酰胺悬浮剂
0.024 ～ 0.030mL/ 株灌根。

生长期防治　药剂拌土开沟侧施或兑水灌根：10% 噻唑膦颗粒
剂 1.5kg/ 亩，0.5% 阿维菌素颗粒剂 15 ～ 17.5g/ 亩，5% 硫线磷颗
粒剂 0.3 ～ 0.4kg/ 亩，5% 丁硫克百威颗粒剂 0.2 ～ 0.3kg/ 亩，3.2%
阿维·辛硫磷颗粒剂 0.3 ～ 0.4kg/ 亩。

收获后防治　参考第一章中关于土壤消毒的内容。

6. 叶霉病

番茄叶霉病又称黑霉病，俗称黑毛，是由煤污假尾孢
[*Pseudocercospora fuligena*（Roldan）Deighton] 引起的番茄病害，
此病害主要为害叶片，严重时也为害茎、花和果实。

（1）症　状

病斑叶两面生，初为圆形，后变为椭圆形或不规则形，中央黄
褐色，边缘黑褐色，具有黄色晕，叶背有黑色霉层。病害严重时

图 2-23 番茄叶霉病叶部症状

叶片正面也会产生黑色霉层，叶片干枯脱落（图 2-23）。番茄煤污假尾孢叶霉病主要为害叶片，也能为害茎和叶柄。茎和叶柄染病，出现褪绿色斑后产生一层厚密的褐色霉层，病斑常绕茎和叶柄一周。病害常由下部叶片先发病，逐渐向上蔓延，发病严重时霉层布满叶背，叶片卷曲，整株叶片呈黄褐色干枯。番茄发病后使叶片变黄枯萎，严重影响光合作用和营养合成，降低番茄产量和品质。

（2）发生规律

病原菌以菌丝体或菌丝块在病残体内或种子上越冬，翌年条件适宜时，产生分生孢子，借气流传播，侵入寄主后菌丝蔓延于细胞间，产生吸器伸入细胞内。温度在 4 ~ 32℃病菌均可生长，20 ~ 25℃最为适宜，孢子萌发和侵入要求相对湿度 80% 以上。气温 22℃左右，湿度 90% 以上病害发生严重。保护地高湿，或遇连续阴雨天，光照较弱亦有利于病害发生发展。该病是保护地番茄的重要叶部病害，露地番茄虽有发生，但不及保护地番茄上严重。

（3）防治方法

农业防治

选用抗病品种　番茄品种间对番茄叶霉病的抗性有明显差异。各地选择抗叶霉病的番茄品种，应注意生理小种的消长，及时更换品种。

加强栽培管理　采用双垄覆盖地膜及膜下灌水的栽培方式，除可以增强土壤湿度外，还可明显降低棚内空气湿度，抑制番茄叶霉病的发生；对棚室番茄采用生态防治法，如控制棚内温湿度，适时通风，适当控制浇水，水后及时排湿，降低温湿度；露地番茄要注意田间的通风透光，不宜种植过密，并适当增施磷、钾肥，提高植株的抗病能力；雨季及时排水，以降低田间湿度；及时整枝打杈，摘除病叶、老叶，增强通风；滴灌可降低棚室的相对湿度，勿大水漫灌。

轮作 发病重的地区，应与非茄科作物实行 3 年以上轮作。

生物防治

发病前或发病初期，选用 3 亿 CFU/g 哈茨木霉菌叶部型 300 倍液稀释喷雾，每 10 ～ 15 天一次，发病严重时，缩短用药间隔，每 5 ～ 7 天一次；或用枯草芽孢杆菌 500 倍液，每 7 天用药一次。

化学防治

番茄叶霉病一旦发生，扩展迅速，流行性强，应在加强栽培管理的基础上，及时喷药防治，以控制病害的发生。

棚室消毒 连年发病严重的温室或大棚，在番茄定植前进行消毒处理。用硫黄粉熏蒸大棚和温室，每 100m³ 空间，用硫黄 0.25kg，锯末 0.5kg，混合后，分放几处，点燃后密闭大棚，闷熏一夜。如果先密闭大棚使棚温升至20℃以上处理，效果更好。

种子处理 从无病株上采种；进行种子处理，52℃浸种 30min，晾干播种；2% 武夷霉素或硫酸铜浸种，或用 50% 克菌丹按种子重量 0.4% 拌种。

施药防治 病害始发期，保护地番茄用百菌清烟剂 3 ～ 3.75kg/hm² 熏蒸，或 15% 抑霉唑烟剂 0.3 ～ 0.5g/m² 点燃；喷撒叶霉净粉尘剂、百菌清粉尘剂或敌托粉尘剂，间隔 8 ～ 10 天喷一次，交替轮换施用。发病初期，摘除下部病叶片后及时喷药保护，重点喷洒叶片背面，可用 10% 多抗霉素可湿性粉剂 120 ～ 150g/ 亩、4% 春雷霉素可溶液剂 70 ～ 90mL/ 亩、70% 甲基硫菌灵可湿性粉剂 36 ～ 54g/ 亩、47% 春雷·王铜可湿性粉剂 100 ～ 125g/ 亩、10% 氟硅唑水乳剂 40 ～ 50mL/ 亩、50% 克菌丹可湿性粉剂 125 ～ 187g/ 亩、250g/L 嘧菌酯悬浮剂 60 ～ 90mL/ 亩或 35% 氟菌·戊唑醇悬浮剂 30 ～ 40mL/ 亩等于叶正面与背面喷雾。

7. 番茄黄化曲叶病毒病

（1）症　状

番茄黄化曲叶病毒病（图 2-24）是由番茄黄化曲叶病毒

图 2-24　番茄黄化曲叶病毒病

（TYLCV）引起的，是番茄的主要病害之一。染病番茄初期主要表现为植株生长迟缓或停滞，节间变短，植株矮化，顶部叶片常稍褪绿发黄、变小，叶片边缘上卷，叶片增厚，叶质变硬，叶片边缘至叶脉区域黄化，叶背面叶脉常显紫色。生长发育早期染病植株严重矮缩，无法正常开花结果；生长发育后期染病植株仅上部叶和新芽表现症状，结果数减少，果实变小，成熟期果实着色不均匀（红不透），基本失去商品价值。

（2）发生规律

田间操作如定植、整枝、打杈、绑蔓等通过磨擦将病株毒源传给健株；烟粉虱的迁飞和为害也是重要传毒途径。一般低温时，病毒病不表现症状或症状很轻，随气温升高，一般在 20℃左右即表现花叶和蕨叶症状。

（3）防治方法

培育无病无虫苗是关键 该病对番茄植株侵害越早，发病率越高，所以预防要从育苗期抓起，做到早防早控，力争少发病或不发病。苗床周围杂草要除干净，苗床土壤要进行消毒处理，以减少病源。

重防烟粉虱 番茄黄化曲叶病毒病由烟粉虱传播。烟粉虱在田间有迁飞性。应做好无病虫育苗，加强整枝打杈和化学防治等田间统一管理，安装防虫网阻隔棚室外的烟粉虱迁入。烟粉虱的防治可参考本部分后文"（四）害虫减药防治技术"的内容。

农业措施 在栽培上适当控制氮肥用量和保持田间湿润。施肥灌水做到少量多次，不旱不涝，适时放风，避免棚内高温，调节好田间温湿度，增施有机肥，促进植株生长健壮，提高植株的抗病能力，及时清除田间杂草和残枝落叶，以减少虫源。注意田间管理防止接触传染，在绑蔓、整枝、打杈、蘸花和摘果等操作时，应先处理健株，后处理病株，注意手和工具要用肥皂水充分擦洗，减少人为的传播，发现病株及时清除，减少病毒源。

实行轮作换茬 发病严重地块要与茄科以外的其他作物实行 3 年以上的轮作。如换茬种植黄瓜、豆角、葡萄等，避免间套作和连作，减少和避免番茄病毒病土壤和残留物的传毒，减轻病毒病的发生；育苗地和栽植棚地应彻底清除带毒杂草，减少病毒病的毒源。

生物药剂 20% 吗胍·乙酸铜可湿性粉剂 40 ～ 50g/ 亩、0.5% 葡聚烯糖可溶粉剂 10 ～ 15g/ 亩、0.5% 香菇多糖水剂每亩 200 ～ 300mL、2% 宁南霉素 200 ～ 250 倍液、5% 氨基寡糖素水剂

35 ～ 50mL/ 亩或寡糖链蛋白 40mL/ 亩等喷雾。

8. 番茄白粉病

（1）症　状

番茄白粉病（图 2-25）由子囊菌亚门的鞑靼内丝白粉菌
（*Leveillula taurica*）和半知菌亚门的番茄粉孢（*Oidium lycopersici*）
侵染引起的，主要为害叶片，叶柄、茎和果实有时也发病。发病初
期叶片正面出现零星的放射状白色霉点，后扩大成白色粉斑。发病
初期霉层较稀疏，渐稠密后呈毡状，病斑扩大连片或覆满整个叶片，
叶面像被撒上一薄层面粉，故称白粉病。严重时叶片正面、背面病
斑上着生白色粉状物，并伴有黑色小点。渐渐造成叶片萎黄，甚至
植株枯死。叶柄、茎、果实等染病后，病部也出现白粉状霉斑。

图 2-25　番茄白粉病叶部发病症状

（2）发生规律

翌年春天气温升高，弹射出子囊孢子，进行初次侵染，发病后
病部又产生大量分生孢子，借气流和雨水溅射传播，进行多次再侵
染，使白粉病迅速扩展蔓延。年度间早春温度偏高、少雨的年份发
病重；田块间连作地、地势低洼、排水不良的田块发病较重；栽培

上种植过密、通风透光差、肥水不足引发早衰的田块发病重。

（3）防治方法

番茄白粉病的防治方法主要以农业防治和化学防治为主。首先，与瓜类、豆类等蔬菜轮作 3 年以上。其次，温湿度调控，加强栽培管理，合理栽培、摘叶，起垄覆膜栽培，科学灌水，配方施肥。最后，结合化学药剂进行防治。

农业防治

轮作 与瓜类、豆类等蔬菜轮作 3 年以上。

温湿度调控 早晨揭帘时放风 15min 左右，然后密闭升温。当温度达 30℃徐徐放风。白天温度控制在 25℃左右，夜晚温度保持在 13℃左右，温度低时适当增温，减少和防止叶面结露。

合理栽培 栽培密度不宜过大，植株间保持通风透光。

合理摘叶 种植过密的温室合理摘叶能有效改善株行间的通风透光性能，特别是番茄生长中后期，基部叶片逐渐衰老，制造养分的能力很低，及时适当摘除提高通风透光性能，利于番茄生长。及时清除病叶，带出温室集中销毁。

起垄覆膜栽培 种植多年或连作多年的日光温室采用无土基质栽培，可防控病害发生。

科学灌水 应用膜下滴灌、膜下沟灌技术，避免大水漫灌。番茄定植后至开花前适当少浇水，促进根系生长；生长中后期适当增加浇水次数。采用滴灌设施的日光温室，番茄定植后至第 1 序花开花前，间隔 5～7 天滴灌一次，开花至拉秧每 1～2 天滴灌一次，每次每亩温室滴水量 2.0～2.5m³，全生育期滴水量 250～300m³。采用膜下沟灌的日光温室，番茄定植后至第 1 序花开花前，间隔 10 天左右灌水一次，开花至拉秧每 7 天左右灌一次水，温室每次每亩灌水量 10～15m³，全生育期灌水量 300～350m³。浇水宜在晴天上午进行，忌阴雨天、中午浇水。

生物源药剂与矿物源药剂防治

1000 亿芽孢 /g 枯草芽孢杆菌可湿性粉剂 40 ～ 70g/ 亩喷雾，50 亿 CFU/g 解淀粉芽孢杆菌 AT-332 水分散粒剂 100 ～ 140g/ 亩喷雾，1% 蛇床子素水乳剂 150 ～ 200mL/ 亩喷雾，2% 几丁聚糖可溶液剂 34 ～ 50mL/ 亩喷雾，42% 寡糖·硫黄悬浮剂 100 ～ 150mL/亩喷雾，50% 硫黄悬浮剂 150 ～ 200mL/ 亩喷雾，95% 矿物油乳油250 ～ 300mL/ 亩喷雾。

化学防治

棚室消毒 番茄定植前用硫黄粉熏蒸消毒，每立方米用硫黄粉 2.3g 加锯末 4.6g 混合后分放数处，点燃后密闭温室熏一夜，温度保持 20℃，灭菌效果较好。也可选 10% 苯醚甲环唑水分散粒剂 2000 倍液，或 10% 氟哇唑乳油 6000 倍液均匀喷洒温室，进行灭菌。或用高温消毒方法，即在 7—8 月选择晴天密闭日光温室 1 周，杀菌效果比较理想。

生产期防治 发病初期，选用 400g/L 氟硅唑乳油 9.4 ～ 12.5mL/亩、50% 福美双可湿性粉剂 105 ～ 140g/ 亩、23% 寡糖·嘧菌酯悬浮剂 65 ～ 98g/ 亩、37% 苯醚甲环唑水分散粒剂 19 ～ 27g/ 亩、25% 乙嘧酚磺酸酯水乳剂 60 ～ 80g/ 亩、4% 四氟醚唑水乳剂 50 ～ 80mL/亩、15% 三唑酮可湿性粉剂 1000 ～ 2000 倍液或 25% 丙环唑乳油 5000～7500 倍液等药剂，每隔 7 ～ 10 天喷雾一次，连续防治 2 ～ 3 次。使用三唑类杀菌剂（如三唑酮、氟硅唑、丙环唑）时，注意防止用药不当产生的药害，严格按照规定的浓度来用药，切不可用药过量。

（三）生理性病害防治技术

作物在生长过程中容易发生两类病害：一类是由病原菌的侵染

引发的病害，叫病原性病害。另一类是生理性病害，有营养缺乏或过剩产生的生理性病害，有土壤次生盐渍化造成的生理性病害，还有有害气体造成的生理性病害。

1. 茎腐病

茎腐病又称番茄条斑病、条腐病等，近年的生产中发生较为普遍，在各个茬口中均有发生，严重的病果率达 90% 以上，影响产量和质量。

（1）症　状

主要发生在果实膨大期至成熟期。果实受害，前期病果外形完好，但着色不良，隐约可见表皮下组织部分呈暗褐色，果肉僵硬细胞坏死，严重时果肉褐色，木栓化，纵切可见果柄向果脐有一道道黑筋，部分果实形成空洞。病健部界限明显，果实横切可见到维管束变褐。

（2）发病原因

由多种不良环境因素造成，光照不足，低温多湿，空气流通性差，以及施肥不合理都会诱发该病发生。生产过程施钾不足是诱发茎腐病发生的首要因素，还包括氮过剩和病毒侵染。

（3）防治方法

部分硬果品种特别容易发病，需要尽量避免选择高发病品种，并合理施肥。

2. 脐腐病

脐腐病在夏季高温季节容易发生，传染性不强，但发生多的时候，会给产量和品质带来极大的影响。

（1）症　状

脐腐病（图2-26）又称蒂腐病，多发生在鸡蛋大小的幼果上。

图2-26　脐腐病果部症状

发病初期在幼果脐部及其周围产生黄褐色的小斑点，后逐渐扩大，一般直径为1～2cm，稍凹陷，褐色，果实内部从油渍状变为暗褐色，且变硬。严重时病斑继续扩大至半个果实以上，并且病部变成暗褐色或黑褐色，果实扁平，果实健康部分提早变红。发病后期潮湿条件下，病部常出现黑色或者粉红色的霉状物。

（2）发病原因

果实缺钙造成起连接细胞作用的钙胶质缺乏，使细胞组织被破坏而发生脐腐病症状。番茄果实钙含量为0.2%～0.4%，脐腐病果实只有0.12%～0.15%。造成缺钙的原因，一是水分供给不平衡，土壤干旱或土壤含水量忽高忽低，变化剧烈，使番茄根系吸水受到抑制，根系活力下降，造成吸钙困难；二是大量使用氮肥或钾肥，钙的吸收被抑制；三是高温干旱使钙的吸收及其在植株体内的移动受到阻碍。植物生长调节剂处理过的果实也容易产生脐腐果。

（3）防治方法

① 培育壮苗，提倡营养钵育苗，钵内营养土应疏松有肥力，以使植株根系发达，增强抗逆能力。

② 采用地膜覆盖栽培，覆盖地膜可保持土壤水分相对稳定，减少土壤中钙质和其他养分的流失。

③ 及时和适量灌水，严防忽干忽湿。

④ 选择保肥水力强、土层深厚的砂壤土种植番茄。科学施肥，施足腐熟的有机肥，增施磷肥、钾肥。

⑤ 番茄坐果后 1 个月是吸收钙的关键时期，可喷洒 1% 过磷酸钙浸出液、0.5% 氯化钙 +5mg/kg 萘乙酸溶液、0.2% 磷酸二氢钾溶液、0.1% 硝酸钙溶液或 1.8% 复硝酚钠水剂 6000 倍液等药剂。从初花期开始，每 10～15 天喷一次，连喷 2～3 次。

⑥ 及时摘除病花、病果，并适时整枝、疏叶，以减少植株体内的养分消耗，保证健果生长发育的需要。加盖遮阳网，降低植株的水分蒸腾，以保持植株体内的水分平衡。

3. 氨气危害

（1）症　状

氨气中毒是设施蔬菜生产中经常发生的一种生理障碍。氨气从叶片的气孔进入，在作物体内发生碱性危害，主要破坏叶绿体。受害部初期呈水浸状，轻者叶片形成大块枯斑，影响正常光合作用，产量下降；重者全株叶片在很短时间完全干枯，干枯时呈黄白色或淡褐色，严重时全株枯死。

（2）发病原因

设施中积累的氨气主要源于大量未腐熟的有机肥和过量追施的铵态氮肥。铵态氮肥在土壤中可以产生一定程度的挥发。一次性施肥量过大、表施或覆土过薄、北方石灰性土壤都会加剧氨的挥发。如果土壤发生了次生盐渍化或酸化，土壤环境变化降低了硝化细菌的活性，硝化作用受到抑制导致铵态氮累积，氨挥发也会加重。当氨气浓度达到 0.1%～0.8% 时就危害植株。

（3）防治方法

禁止施用未腐熟的有机肥，尤其是生鸡粪。在番茄定植前半个月到一个月施用有机肥，确保有机肥充分腐熟。合理制定施肥方案，需要多少给多少，滥用就是无用。减少底肥中化肥的使用，追肥时选用全营养大量元素水溶肥，采用滴灌设备，实现精准施肥。防止土壤产生次生盐渍化和酸化。

4. 亚硝酸气体危害

（1）症　状

亚硝酸气体危害症状与氨气危害的症状极为相似，不同的是氨气危害的叶片呈褐色，亚硝酸气体危害的叶片则呈白色，受害部位下陷，并与健康部位界限分明。受害叶片一般发生在中部活力较强的叶片上，心叶和活力较弱的叶片后发病。初期叶缘和叶脉间呈水浸状斑纹，2～3天后叶片变干，呈白色。

（2）发病原因

通过施肥进入土壤的铵态氮和有机氮矿化释放的氨，在土壤中转化为铵根离子。铵根离子先通过亚硝化微生物氧化成为亚硝态氮，再通过硝化微生物把亚硝态氮转化成硝态氮。当土壤出现盐分障碍和微生物群落不平衡时，硝化细菌数量减少，硝化作用必然受抑制。这样造成铵和亚硝态氮在土壤中积累，并逐渐气化。亚硝酸气化的条件与氨挥发条件相反，只有在酸性土壤才能使亚硝酸气体挥发，而氨挥发是在碱性条件。可以通过测定设施内水滴的酸碱性来判断，清晨用 pH 试纸蘸取设施棚膜水滴，对比色卡比色，若水滴呈微酸性为亚硝酸气体危害，若为碱性（pH 值＞8.2）则为氨气危害。

（3）防治方法

首先，亚硝酸气体多发生在地温急剧变化的情况下，这是因为低温时微生物活动较弱，氮素分解往往停滞在中间阶段；如果此时温度急速上升，微生物开始剧烈活动，就会发生铵和亚硝酸过剩。而如果最初温度能高到使微生物顺利分解氮素，气体障碍就少。因此，根据外界温度变化及时采取措施，维持设施内相对平稳的温度非常重要。

其次，要选用腐熟的有机肥并提早施用。土壤次生盐渍化、酸化是亚硝酸气体产生的前提条件，可见避免设施土壤次生盐渍化、酸化，防止土壤退化十分必要。

最后，当土壤水分充足时，即使产生气体危害，也会部分溶解于水中，因此，避免肥料表施，采用水肥一体化，维持土壤合适的湿度。

（四）害虫减药防治技术

1. 棉铃虫

（1）为害特点

棉铃虫［*Helicoverpa armigera*（Hübner）］属鳞翅目夜蛾科，以幼虫蛀食花蕾、果实，也可为害嫩茎、新生叶等。花被蛀食，花蕊吃光，作物不能坐果。花蕾受害，萼片张开，变黄脱落。果实被蛀后，果内充满虫粪，失去食用价值，蛀孔易进雨水，被病菌侵染而引起腐烂和落果，造成减产和经济损失。棉铃虫及其为害番茄状见图2-27至图2-30。

图2-27 棉铃虫成虫

图 2-28　棉铃虫为害　　　图 2-29　棉铃虫为害　　　图 2-30　棉铃虫幼虫
　　　　　番茄嫩茎　　　　　　　　　番茄主干　　　　　　　　　为害番茄果

（2）发生规律

棉铃虫由北向南每年发生 3 ～ 7 代。以蛹在寄主根际附近土中越冬。成虫昼伏夜出，具趋光性，并对杨树枝趋性明显。棉铃虫喜温喜湿，成虫产卵适温 23℃以上，幼虫以 25 ～ 28℃和空气相对湿度 75% ～ 90% 最为适宜。在北方地区，由于湿度不如南方稳定，因此，降水量与虫口数量密切相关，一般月降水 100mm、空气相对湿度 70% 以上时大发生。但雨水过多造成土壤板结，能阻碍幼虫入土化蛹，而且暴风雨对卵有冲刷破坏作用，可减少下代虫口密度。成虫清晨在植株的蜜露上取食补充养分并产卵，因此，番茄生长茂盛、花多的田块，棉铃虫发生重。赤眼蜂、齿唇姬蜂、螟铃绒茧蜂等天敌的数量也明显影响棉铃虫的虫口密度。

（3）防治方法

农业防治

冬耕冬灌及春天整地起垄，消灭越冬蛹。针对棉铃虫产卵特性，及时进行摘顶打杈，清除部分虫卵。农事操作时及时摘除虫果，以减少转株为害率。在 6 月中旬至 7 月中旬诱杀成虫，可剪取

0.6 ～ 1m 长的新鲜带叶杨树枝条，几支扎成一束，插于田间，使枝梢高于植株顶部 20 ～ 30cm，每亩插 10 余把，每 3 ～ 5 天换一次，每天清晨露水未干时，用塑料袋套住枝把，捕杀成虫。

物理防治

每 3.3hm² 设黑光灯 1 盏，灯下置水盆诱杀成虫。

生物防治

天敌防治 保护棉铃虫的天敌，或人工饲养释放天敌，能有效控制棉铃虫的发生和为害。释放螟黄赤眼蜂 3 万～ 6 万头 / 亩，根据害虫变化隔 7 ～ 10 天释放一次，连续释放 3 ～ 4 次。

微生物药剂 可采用 600 亿 PIB/g 棉铃虫核型多角体病毒水分散粒剂 2 ～ 4g/ 亩或 32000IU/mg 苏云金杆菌 G033A 可湿性粉剂 125 ～ 150g/ 亩等药剂喷雾。

化学防治

可选用 10% 溴氰虫酰胺悬乳剂 10 ～ 30mL/ 亩、5% 氯虫苯甲酰胺悬浮剂 30 ～ 60mL/ 亩、2.3% 甲氨基阿维菌素苯甲酸盐乳油 28.5 ～ 38mL/ 亩或 50g/L 虱螨脲乳油 50 ～ 60mL/ 亩喷雾等药剂。

2. 甜菜夜蛾

甜菜夜蛾（Beet armyworm）学名 *Spodoptera exigua*（Hübner，1808），又名玉米夜蛾、玉米小夜蛾、玉米青虫，属鳞翅目夜蛾科（图 2-31 和图 2-32），为杂食性害虫，为害玉米、棉花、甜菜、芝麻、花生、烟草、大豆、白菜、大白菜、番茄、豇豆、葱等 170 多种植物。

图 2-31 甜菜夜蛾幼虫

图 2-32 甜菜夜蛾幼虫为害番茄

（1）为害特点

初孵幼虫结疏松网在叶背群集取食叶肉，受害部位呈网状半透明的窗斑，干枯后纵裂；3 龄后幼虫开始分群为害，可将叶片吃成孔洞、缺刻，严重时全部叶片被食尽，整个植株死亡。4 龄后幼虫开始大量取食，蚕食叶片，啃食花瓣，蛀食茎秆及果荚。

（2）发生规律

主要以蛹在土壤中越冬。成虫有强趋光性，但趋化性弱，昼伏夜出，白天隐藏于叶片背面、草丛和土缝等阴暗场所，傍晚开始活动，夜间活动最盛。卵多产于叶背，苗株下部叶片上的卵块多于上部叶片，平铺一层或多层重叠，卵块上披有白色绒毛。每雌可产卵100 ～ 600 粒，卵期 2 ～ 6 天。幼虫昼伏夜出，有假死性，稍受惊吓即卷成 "C" 状，滚落到地面。幼虫怕强光，多在早、晚为害，阴天可全天为害。虫口密度过大时，幼虫可自相残杀。老熟幼虫入土，吐丝筑室化蛹。

（3）防治方法

农业防治

在蛹期结合农事需要进行中耕除草、冬灌，深翻土壤。早春铲除田间地边杂草，破坏早期虫源滋生、栖息场所，恶化甜菜叶蛾取食、产卵环境。

物理防治

傍晚人工捕捉大龄幼虫，挤抹卵块，能有效地降低虫口密度。在成虫始盛期，利用性诱剂诱杀成虫。

生物防治

在低龄幼虫期喷施 Bt 制剂进行防治，或用 80 亿孢子 /mL 金龟子绿僵菌 CQMa421 可分散油悬浮剂 40 ～ 60mL/ 亩喷雾，或用 300 亿 PIB/g 甜菜夜蛾核型多角体病毒水分散粒剂 2 ～ 5g/ 亩喷雾；也可保护利用腹茧蜂、叉角厉蝽、星豹蛛、斑腹刺益蝽、黑卵蜂、短管赤眼蜂等天敌进行生物防治。

化学防治

施药时间应选择在清晨最佳，在幼虫孵化盛期，于 8 时前或 18 时后喷施 25% 灭幼脲乳油 1000 ～ 2000 倍液，高效氟氯氰菊酯乳油 1000 倍液加 5% 氟虫脲乳油 500 倍混合液，或用 19% 溴氰虫酰胺悬浮剂 2.4 ～ 2.9mL/m² 苗床喷淋。

3. 美洲斑潜蝇

（1）为害特点

美洲斑潜蝇的幼虫和成虫均可为害植株叶片，但以幼虫为重。成虫活泼，主要在白天活动，晚上在植株的叶背栖息，雌成虫在飞翔中用产卵器刺伤叶片，取食汁液，同时将卵散产于叶中，在叶片上形成针尖大小的近圆形刺伤孔。刺伤孔初期呈浅绿色，后变白，肉眼可见。幼虫取食叶片正面叶肉，形成先细后宽的蛇形弯曲或蛇形盘绕的虫道，虫道一般不交叉、不重叠，虫道终端明显变宽是美洲斑潜蝇区别于其他潜叶蝇的特点之一（图 2-33）。虫道内部两侧留有交替排列的黑色虫粪，老虫道后期呈棕色的干斑块区。一般一虫一道，一头老熟幼虫一天可潜食 3cm 左右。幼虫老熟后爬出潜叶虫道在叶片上或土缝中化蛹（图 2-34）。

图 2-33 美洲斑潜蝇为害番茄叶片

图 2-34 美洲斑潜蝇蛹

（2）发生规律

在北京地区，田间 6 月初见，7 月中旬至 9 月下旬是露地的主要为害时期，10 月上旬后虫量逐渐减少。在保护地种植条件下通常有两个发生高峰期，即春季至初夏和秋季，以秋季为重。该虫在北京地区自然条件下不能越冬，保护地是该虫越冬的主要场所。春季 5—6 月保护地和秋季 8—9 月露地平均温度为 24 ～ 27℃，最适宜于斑潜蝇发生为害，田间虫口数量增长迅速。深秋与早春的低温及盛夏高温都严重影响种群数量增长。

美洲斑潜蝇生长发育适温为 20 ～ 30℃，冬季以蛹和成虫在蔬菜残体上越冬，棚室内可周年为害。温度对美洲斑潜蝇的活动影响较大，气温低，其成虫活动力弱，气温高则活动力强。成虫一般于 8—14 时活动，中午活跃，交尾后当天可产卵。雌成虫刺伤叶片取食汁液并在其中产卵，卵经 2 ～ 5 天孵化，幼虫期 4 ～ 7 天。老熟幼虫爬出隧道在叶面上或随风落地化蛹，蛹经 7 ～ 14 天羽化为成虫。干旱少雨年份为害严重。美洲斑潜蝇成虫有趋光性，在冬季为害向阳叶片或植株，明显比背阴叶片或植株严重。

（3）防治方法

农业防治

清洁田园，将土表的残株落叶集中烧掉或深埋。深翻土壤20cm以上，将表土斑潜蝇的蛹翻入深层，使其不能羽化，以减少虫源。合理布局蔬菜品种，间作套种美洲斑潜蝇非寄主植物或不易感虫的苦瓜、葱、蒜等。少量发生斑潜蝇的情况下，定期摘除有虫叶片集中烧毁，具有一定的控制效果。

物理防治

于棚室通风口处设置30目防虫网，以防成虫飞入。利用斑潜蝇成虫对黄色有较强趋性这一特点，在田间设置黄板诱杀成虫，效果显著。也可采用灭蝇纸诱杀成虫，在成虫始盛期至盛末期，每亩放置15个诱杀点，每个点放置1张诱蝇纸诱杀成虫，3～4天更换一次。

生物防治

美洲斑潜蝇天敌资源十分丰富，共发现寄生性和捕食性天敌17种，其中以幼虫期寄生蜂最多，共10种，幼虫末期和蛹期发挥作用的主要是捕食性天敌，包括瓢虫、小花蝽、草蛉、蚂蚁及蜘蛛等。春季保护地未施药棚室美洲斑潜蝇幼虫被寄生率可达13.8%，释放姬小蜂、潜蝇茧蜂等寄生蜂对斑潜蝇防治率高。国外研究发现烟盲蝽可捕食美洲斑潜蝇的卵和幼虫，每平方米释放1～2头烟盲蝽，还可兼防粉虱。

化学防治

10%溴氰虫酰胺可分散油悬浮剂14～18mL/亩、16%高氯·杀虫单微乳剂75～150mL/亩、4.5%高效氯氰菊酯乳油28～33mL/亩、80%灭蝇胺水分散粒剂15～18g/亩、31%阿维·灭蝇胺悬浮剂17～22mL/亩或1.8%阿维菌素乳油10～20mL/亩等喷雾，还可使用 19% 溴氰虫酰胺悬浮剂 2.8 ～ 3.6mL/m² 在番茄苗期苗床喷淋。

4. 烟粉虱

图 2-35 烟粉虱成虫

烟粉虱（*Bemisia tabaci*）属半翅目粉虱科，其在我国有很多种生物型。但目前常见并且为害作物较重的有 2 种生物型，分别是 B 型和 Q 型。烟粉虱的成虫、卵和伪俑见图 2-35 至图 2-37。

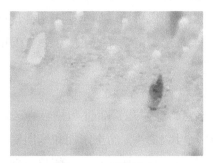

图 2-36 烟粉虱卵

图 2-37 烟粉虱伪蛹

（1）为害特点

烟粉虱以成虫和若虫吸食寄主植物叶片的汁液，造成被害叶褪绿、变黄，甚至全株枯死，严重影响产量。此外，烟粉虱还分泌大量蜜露，堆积于叶面和果实上，引起煤污病，降低商品价值。烟粉虱 B 型的若虫所分泌的唾液能造成一些植物（如番茄、西葫芦、绿花菜）的生理紊乱，番茄表现为不均匀成熟。

（2）发生规律

烟粉虱在温室可发生 10 余代，露地蔬菜生产条件下每年发生

6～11代，世代重叠严重。以各个虫态在温室蔬菜上越冬为害，翌年转向大棚及露地蔬菜上，成为初始虫源。烟粉虱虫口密度起初增长较慢，春末夏初数量上升，秋季上升迅速达到高峰。9月下旬为害达到高峰。10月下旬以后随着气温的下降，虫口数量逐渐减少。

（3）防治方法

农业防治

主要是清除为害或侵染来源。育苗时要进行严格消毒，彻底消灭虫卵及成虫，强化苗期管理，整个育苗过程严格覆盖防虫网，从源头上控制。及时清除温室内及周围的杂草，以减少田间烟粉虱的残余虫数。

物理防治

烟粉虱成虫对黄色有强烈的趋性，在田间及育苗棚内采取黄板诱捕。

生物防治与非化学药剂防治

烟粉虱的天敌资源丰富，其中丽蚜小蜂和烟盲蝽均可防治粉虱（图2-38至图2-40）。详细应用技术参考第一章"七、设施番茄化学农药减量与病虫害全程绿色防控技术"部分。此外，可选择95%矿物油乳油400～500mL/亩、5% D-柠檬烯可溶液剂100～125mL/亩或400亿孢子/g球孢白僵菌可湿性粉剂喷雾。

化学防治

30%螺虫·呋虫胺可分散油悬浮剂20～25mL/亩、30%螺虫·噻虫啉悬浮剂25～30mL/亩、480g/升丁醚脲·溴氰虫酰胺悬浮剂30～60mL/亩、40%噻嗪酮悬浮剂20～25mL/亩、50g/L

双丙环虫酯可分散液剂 55～65mL/ 亩、17% 氟吡呋喃酮可溶液剂
30～40mL/ 亩或 40% 螺虫乙酯悬浮剂 12～18mL/ 亩等喷雾。

图 2-38　丽蚜小蜂寄生烟粉虱若虫

图 2-39　番茄棚悬挂丽蚜小蜂蜂卡

图 2-40　烟盲蝽成虫捕食粉虱成虫

5. 蓟　马

西花蓟马［*Frankliniella occidentalis*（Pergande）］属于缨翅目
锯尾亚目蓟马科（Thripidae），西花蓟马于 2003 年 6 月首次在北京
市郊的辣椒花朵上被采集到，随后蔓延至北京各区。其寄主十分广
泛，包括番茄、甜椒、黄瓜、花生、生菜、芹菜、洋葱和多种花卉
植物。

（1）为害特点

西花蓟马在番茄上主要为害嫩叶和幼果，苗床和定植初期的番

茄幼苗叶片受害严重。被蓟马锉
吸后的叶片和果面具白色斑点，
严重的连成一小片，被为害后的
番茄后期果面粗糙，果肉变硬，
影响口感和商品价值（图2-41
至图2-43）。还可传播包括番茄
斑萎病毒在内的多种病毒。

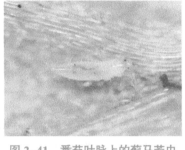

图 2-41 番茄叶脉上的蓟马若虫

图 2-42 蓟马为害番茄叶片

图 2-43 蓟马为害番茄果实

（2）发生规律

西花蓟马在北京地区温室内可常年发生，一般15～20代/年；
4月后虫口数量逐渐上升，6月达到高峰。9月秋冬茬番茄定植初
期为全年第2个高发期，11月后逐渐减少。

（3）防治方法

农业防治

清除菜田及周围杂草，减少越冬虫口基数。利用夏季休闲期
进行高温闷棚处理，保持棚内温度在40℃以上，并持续一段时间，

大部分蛹和若虫会被杀死；在通风口、门窗增设防虫网，阻止外面的蓟马随气流进入棚室内；采用地膜覆盖方法，一方面可提高地温，促进植物苗期生长，另一方面根据老熟若虫从植株落入土中化蛹的特点，采取畦面覆盖措施，可阻止若虫入土化蛹。

物理防治

棚室内悬挂蓝色和黄色诱虫板对蓟马成虫有一定的诱集效果，还可监测蓟马成虫数量。每亩挂 20 ～ 30 块，色板下缘距植株顶端 15 ～ 20cm，并随作物生长而提升高度。

生物防治

蓟马发生初期（每株 1 ～ 2 头），释放东亚小花蝽 1 ～ 2 头/m^2，7 天一次，共释放 2 ～ 3 次；释放巴氏新小绥螨 100 袋 /400m^2，7 天一次，共释放 2 ～ 3 次；100 亿孢子/g 金龟子绿僵菌悬浮剂 30 ～ 35mL/ 亩、150 亿孢子/g 球孢白僵菌可湿性粉剂 160 ～ 200g/ 亩或 25g/ 升多杀霉素悬浮剂 65 ～ 100mL/ 亩喷雾。

化学防治

19% 溴氰虫酰胺悬浮剂 3.8 ～ 4.7mL/m^2 苗床喷淋，25% 噻虫嗪悬浮剂 10 ～ 20mL/ 亩喷雾，50% 氟啶·吡蚜酮水分散粒剂 15 ～ 20g/ 亩喷雾，40% 呋虫胺可溶粉剂 15 ～ 20g/ 亩喷雾，0.3% 苦参碱可溶液剂 150 ～ 200mL/ 亩喷雾。

6. 小地老虎

小地老虎（*Agrotis ypsilon* Rottemberg）属鳞翅目夜蛾科，又称土蚕、地蚕、黑土蚕、黑地蚕。为世界性害虫，是一种迁飞性、暴食性害虫，为害各种蔬菜及农作物幼苗，以茄果类、豆类、瓜类、十字花科蔬菜为害最重。

（1）为害特点

共分6龄，其不同阶段危害习性表现为：1～2龄幼虫昼夜均可群集于幼苗顶心嫩叶处，昼夜取食，这时食量很小，为害也不十分显著；3龄后分散，幼虫行动敏捷、有假死习性、对光线极为敏感、受到惊扰即卷缩成团，白天潜伏于表土的干湿层之间，夜晚出土从地面将幼苗植株咬断拖入土穴或咬食未出土的种子，幼苗主茎硬化后改食嫩叶和叶片及生长点，食物不足或寻找越冬场所时，有迁移现象；5～6龄幼虫食量大增，每条幼虫一夜能咬断菜苗4～5株，多的达10株以上。幼虫3龄后对药剂的抵抗力显著增加，因此，药剂防治一定要掌握在3龄以前。3月底到4月中旬是第1代幼虫为害的严重时期。

（2）发生规律

年发生代数由北至南不等，北京地区3～4代。此虫具有迁飞能力，春季虫源可能系外地迁飞而来。在北京地区发现有随未腐熟的有机肥进入棚室内的情况。4月气温升高后，随着春夏茬作物定植，幼虫随即出土为害。该虫喜温暖潮湿的环境，最适发育温度为13～25℃，在低洼内涝、雨水充足及常年灌溉地区，如属土质疏松、团粒结构好、保水性强的壤土、黏壤土、砂壤土均适于小地老虎的发生。尤其在早春菜田及周缘杂草多的菜田，可提供产卵场所，易发生；蜜源植物多，可为成虫提供补充营养的情况下，将会形成较大的虫源，发生严重。

（3）防治方法

虫情监测

对成虫可采用黑光灯或蜜糖液诱蛾器，诱集监测。华北地区春季自4月15日至5月20日设置。

农业防治

杂草是地老虎的产卵场所和初龄幼虫的重要食源，也是幼虫转移到作物为害的桥梁。春夏茬定植前应精耕细耙，清除地内杂草，可消灭部分虫卵。可用泡桐叶或莴苣叶置于田内，清晨捕捉幼虫。利用性诱剂或糖醋酒液诱杀成虫，既可作为简易测报手段，又能减少蛾量。设施蔬菜应在小地老虎成虫迁入棚室之前覆膜和设置防虫网，以防成虫入棚产卵。购买合格的腐熟有机肥，避免有机肥内带有害虫幼虫和蛹。

生物防治

产卵高峰期释放赤眼蜂，8000 ～ 10000 头/亩，5 ～ 7 天释放一次，共释放 3 次；在产卵高峰期，喷施 16000IU/mg 高效 Bt 可施性粉剂 1000 ～ 2000 倍液，根据虫情喷 1 ～ 2 次；喷 20 亿 PIB/mL 棉铃虫核型多角体病毒悬浮液，50 ～ 60mL/亩；用小卷蛾线虫悬浮液稀释后喷洒在菜田的土壤表面，每公顷线虫使用量为 15 亿～ 30 亿条。

化学防治

0.5% 联苯菊酯颗粒剂 1200 ～ 2000g/亩撒施，0.3% 苦参碱可湿性粉剂 5000 ～ 7000g/亩穴施，30% 噻虫·高氯氟悬浮剂 8 ～ 10mL/亩喷雾，3% 阿维·吡虫啉颗粒剂 1.5 ～ 2kg/亩撒施，或 5% 高效氯氟氰菊酯微乳剂 10 ～ 15mL/亩喷雾。

五、模式实例

本案例为某园区日光温室春夏茬番茄制定施肥改土与病虫害防治方案。

（一）步骤 1：确定养分供应量

参考往年同期产量，确定该茬番茄目标产量 5000kg/ 亩。按照每 1000kg 番茄需 3kg N、0.45kg P_2O_5、4.8kg K_2O 计算，本茬番茄每亩养分需求量为 15kg N、2.3kg P_2O_5、24kg K_2O。

（二）步骤 2：明确土壤养分与障碍

该日光温室生产蔬菜 12 年，属老菜田，种植面积 1 亩。取 0 ～ 20cm 表层土进行化验测定，再与各标准对比和评价，见表 2-27。

表 2-27 基础土壤养分值与评价

项目	有机质	全氮	有效磷	速效钾	pH 值	EC 值
含量	27.5g/kg	1.59g/kg	121mg/kg	210mg/kg	6.91	1.22mS/cm
评价	高	高	高	高	中性	中度盐渍化

（三）步骤 3：校正磷、钾投入量

园区地块土壤有效磷已达到高水平，作物带走磷量按照 0.5 倍补给，约 1.2kg P_2O_5。土壤速效钾同样是高水平，作物带走钾量也按照 0.5 倍补给，也就是 12kg K_2O。经校正，本茬番茄养分需求总量为 15kg N、1.2kg P_2O_5、12kg K_2O。

（四）步骤 4：扣除有机肥带入养分量

老菜田建议亩施用 2t 秸秆类有机肥。按照每吨有机肥提供的氮磷钾养分为 3kg N、1.5kg P_2O_5、2.4kg K_2O 估算，则 2 吨有机肥带入养分为 6kg N、3kg P_2O_5、4.8kg K_2O。供试土壤为高肥力，可提供约 6kg N。经扣除，本茬番茄养分需求总量为 3kg N、-1.8kg P_2O_5、7.2kg K_2O。

（五）步骤5：确定施肥方案

经校正和扣除，本茬番茄无需再施用磷肥。但番茄在苗期和开花期需磷较多且属于营养临界期，加上在低温、弱光、盐渍化等逆境条件下对磷依赖更大，为保障生长发育，按作物总需磷量的1/6（约 0.4kg P_2O_5）分别在苗期和开花期灌根，之后不再施用磷肥。按照春夏茬生育期养分需求，确定追肥养分分配比例，之后再按照养分比例换算制定施肥方案（表2-28）。例如，苗期需氮量为 0.1kg，若施用46%的尿素，则实物量为 0.2kg。值得注意的是，整个计算过程中，建议采用四舍五入的方式进行修正，尽量去零化整，或保留1位小数，以便实际操作。

由于供试土壤为中度盐化，表明出现了次生盐渍化障碍，定植前可采用大水洗盐一次，或拉秧后在夏季休闲期种植一茬玉米还田改良。其次，由于土壤障碍和养分富集，可能导致番茄在后期出现缺钙和缺镁症状，因此建议苗期和开花期选用低磷肥，后期选用无磷肥。

表2-28　施肥方案

生育期	N（kg/亩）	P_2O_5（kg/亩）	K_2O（kg/亩）
苗期	0.1	0.2	0.4
开花坐果期	0.5	0.2	0.7
结果初期	0.8	—	2.2
结果盛期	1.4	—	3.2
结果末期	0.3	—	0.7

（六）步骤6：减药植保方案

本期定植的番茄品种为口感番茄京采8号，其定植密度为2000株/m^2，株行距为 40cm×50cm，种植方式为土壤栽培。减药宗旨为定植初期滴灌木霉菌预防土传病害，开花坐果期喷施氨基寡糖素预防病毒病，喷施硝酸钙等叶面肥预防脐腐病，应用丽蚜小蜂、烟盲蝽、东亚小花蝽、捕食螨等生物天敌防治粉虱和蓟马，应用 Bt、昆虫病毒等防治菜青虫、棉铃虫等鳞翅目害虫，应用熊蜂授粉技术，应用寡雄腐霉预防晚疫病，应用解淀粉芽孢杆菌防治白粉病，应用枯草芽孢杆菌防治灰霉病。

第三章
设施番茄简易基质栽培减肥减药技术与模式

近年来，设施蔬菜规模化生产日趋成熟，但不合理施肥、施药和连茬种植等措施导致设施土壤不同程度地出现了根际群落失衡、土传病害严重、线虫危害猖獗、养分大量富集、次生盐渍化、酸化板结、连作障碍等问题，导致蔬菜生产成本增加，作物产量和品质下降，严重制约了蔬菜产业的效益与发展。解决上述问题，除科学施肥、施药和改土外，还可采用无土栽培的方式。2011 年我国无土栽培面积超过 3000hm^2，其中基质栽培所需设备简单，后期管理投入少，生产过程中性质稳定，在实际应用最为广泛，占全国无土栽培的 80% 以上。

一、基质原料选取

无土栽培基质的主要功能是支持、固定植株，并为植物根系提供稳定协调的水、肥、气环境。栽培基质可分为无机基质、有机基质和有机无机混合基质，无机基质一般很少含有营养，作物所需养分完全靠营养液供给，缓冲性较小，对设施和营养液的管理要求比较严格，应用成本相对偏高。有机基质的理化性状变化较大，稳定性相对较差，容易造成作物产量和品质的下降。不同基质原料的理化性状，见表3-1。

表3-1 不同基质原料理化性状

种类	成本（元/m³）	理化性状	缺点
草炭	400	容重0.29g/cm³，总孔隙度76.5%，电导率0.555mS/cm，pH值6.38，保水性强，盐分容纳能力强，是公认的无土栽培优良基质原料	长期过度开采会造成资源短缺和生态环境破坏
珍珠岩	542	容重0.13g/cm³，总孔隙度93%，pH值6.75，具有良好的保水和排水能力，降解率低	与岩棉相比保水率低；若基质中充满空气而非水时，基质具有疏水性；无缓冲性；pH值略高；质量过轻，固定植株能力差，适宜同其他基质混用
蛭石	550	容重0.07～0.25g/cm³，总孔隙度达95%，电导率0.36mS/cm，吸水能力强	有的蛭石呈碱性，有时需要与酸性基质混合才能使用；容易破碎，使用和运输过程中不能受到重压；一般使用1～2次就需更换
岩棉	929～1253	容重0.2～0.6g/cm³，pH值3～6.5，总孔隙度达96%～100%，电导率1.1mS/cm，排水性好，吸水性强	成本高，需要放置在完全平整的地面上；缓冲能力低，易受pH值变化影响，需要精确的灌溉管理；结构不均衡，空气含量由上至下递减，而含水量则递增；栽培初期会出现微碱性反应，需要人工用稀酸处理；不能生物降解，必须回收
椰糠	345～490	结构均匀，透气性和持水性好，pH值适中；与岩棉相比，水分吸收快，发芽时间快，秧苗轮换快；基质可持续利用；降解率低，无土传病害	需要充分的预处理，清洗钠离子；要避免钙、镁缺乏；需要少量多次灌溉；国内只有海南省生产一定量的椰糠，来源不够广泛
菇渣	450	容重0.24g/cm³，总孔隙度74.9%，pH值7.3，有机质58%，总氮0.97%，总磷0.252%，总钾1.11%	需要加水后堆沤3个月，风干、粉碎后才能使用；含氮、磷过高，不宜直接作为基质，适宜同其他基质混用；pH值略高
炉渣	—	容重0.7g/cm³，总孔隙度54.7%，pH值6.8，总氮0.226%，总磷0.115%，总钾0.11%	—

种类	成本 （元/m³）	理化性状	缺点
玉米秸秆	—	容重 0.13g/cm³，总孔隙度 83.2%，pH 值 8，有机质 83.2%，总氮 1.06%，总磷 0.106%，总钾 1.07%	—
锯末	—	容重 0.19g/cm³，总孔隙度 78.3%，pH 值 6.2，有机质 85.2%，总氮 0.18%，总磷 0.017%，总钾 0.138%	—
向日葵秸秆	—	容重 0.15g/cm³，pH 值 5.7，有机质 84.97%，总氮 0.772%，总磷 0.108%，总钾 0.862%	—
废弃物堆肥改性基质	—	实现废弃物基质化，腐熟彻底的改性基质能有效对抗病原菌，减少杀菌剂施用	稳定性、有效性差，理化性状随原材料的改变而改变，均一性差

注：成本仅供参考。

　　混合基质由结构不同的原料混配而成，可扬长避短，在水、气、肥协调方面优于无机或有机基质。一些典型的混合基质配方，例如，草炭∶炉渣＝4∶6，砂∶椰子壳＝5∶5，草炭∶玉米秸秆∶炉渣＝2∶6∶2，玉米秸秆∶向日葵秸秆∶锯末∶炉渣＝5∶2∶1∶2，油菜秸秆∶锯末∶炉渣＝5∶3∶2，菇渣∶玉米秸秆∶蛭石∶粗砂＝3∶5∶1∶1，玉米秸秆∶蛭石∶菇渣＝3∶3∶4等。这些混合基质适用范围较广，能适合大多数温室主要蔬菜作物。

二、基质前处理

　　无机物前处理较为简单，蛭石、珍珠岩、石英砂等均依原商品规格，不必进行前处理。河沙粒径最好大于 1mm，尽量不选择细面沙。炉渣如呈碱性，采用清水冲洗可降低其 pH 值，大块炉渣应打碎成小块状，过 1 ~ 2cm² 筛，较细的炉渣可作为无机材料。

以各种形态结构不同的秸秆等有机材料原料配制栽培基质，必须进行前处理。前处理主要包括破碎、容重测定、调节 C/N 值等。大部分农业废弃物的形态大小都不适合栽培基质的要求，需要破碎处理。大部分长度为 1 ~ 2.5cm，厚度为 2 ~ 5mm，4 ~ 6cm 的较长的破碎物所占比例应小于 10%，粉末状碎渣所占比例应小于 10%。破碎后准确测定其容重，作为配制栽培基质的计量基础。农作物秸秆、锯末等有机质含量较高，具有较高的 C/N 值，直接使用会造成微生物和作物根系养分竞争，对作物生长产生不利影响。目前应用较多的方法是采用加氮后自然发酵的方式，但处理时间较长。添加微生物菌剂可加速有机物的分解腐熟，促进有机物料中有效氮的释放，使基质理化性质更易达到适宜范围，如 EM、酵素菌、腐秆灵、BM 等微生物菌剂。

三、基质理化性质分析

按"S"形布点，用不锈钢管型土钻采集 0 ~ 20cm 基质样品。基质样品风干、磨碎，根据需要过特定筛测试相关指标，如过 2mm 筛测定基质盐分总量、盐基离子组成、pH 值、硝态氮、铵态氮等；过 1mm 筛用于测定基质电导率、速效磷、速效钾、有效铜、有效铁、有效锰、有效锌和有效硼。

基质盐分及其离子组成的待测液制备，需要采用无二氧化碳蒸馏水，按基质水分比 1∶5，翻滚振荡 3min，过滤得清亮滤液，如不清亮，需抽滤。基质电导率用电导仪法测定（用基质浸出液的电导率来表示基质水溶性盐总量）。盐分总量采用离子加和法计算；K^+、Na^+ 用 $Al_2(SO_4)_3$ 做掩蔽剂，原子吸收分光光度法测定；Ca^{2+}、Mg^{2+} 用 $LaCl_3$ 做掩蔽剂，原子吸收分光光度法测定；NO_3^- 用双波长紫外分光光度法测定；SO_4^{2-} 用 EDTA 间接络合滴定法测定；Cl^- 用硝酸银滴定法测定；CO_3^{2-} 和 HCO_3^- 用双指示剂—中和滴定法测定。

基质 pH 值用 1∶2.5 基水比，酸度计法测定；基质有机质用重铬酸钾—浓硫酸氧化（外加热法），硫酸亚铁溶液滴定法测定；基质全氮采用半微量凯氏法测定；基质全磷采用氢氧化钠熔融，钼锑抗比色法测定；基质全钾采用氢氧化钠熔融，原子吸收分光光度法测定；基质硝态氮用 2mol/L 氯化钾溶液浸提，双波长紫外分光光度法测定；基质铵态氮用 2mol/L 氯化钾溶液浸提，靛酚蓝比色法测定；基质速效磷用 0.5mol/L 碳酸氢钠溶液浸提，钼锑抗比色法测定；速效钾用 1mol/L 中性 NH_4OAc 溶液浸提，原子吸收分光光度法测定；基质速效硫用氯化钙浸提，硫酸钡比浊法测定；速效铜、铁、锰、锌采用 DTPA—TEA 浸提，原子吸收分光光度计法测定；基质速效硼采用沸水浸提，甲亚胺比色法测定。

四、基质标准

栽培基质应有适宜的理化性质，通过降解除去酚类等有害物质，消灭病原菌、病虫卵和杂草种子，见表 3-2。值得注意的是，基质 EC 值最好控制在 1.5 ～ 2mS/cm；当 EC 值为 2.6 ～ 2.7mS/cm 时，蔬菜根系可能受损，存在抑制风险；当 EC 值超过 2.8mS/cm 时，蔬菜生长有可能受到盐害影响。

表 3-2 基质标准

物理性质	化学性质	来源
容重 0.2 ～ 0.6g/cm³ 总孔隙度 > 60% 通气孔隙度 > 15% 持水孔隙度 > 45% 气水比 1 ∶（2 ～ 4） 相对含水量 < 35% 粒径 < 20mm	pH 值 5.5 ～ 7.5 EC 值 0.1 ～ 0.2mS/cm 有机质 ≥ 35% 阳离子交换量 > 15cmol/kg 水解性氮值 50 ～ 500mg/kg 速效磷值 10 ～ 100mg/kg 速效钾值 50 ～ 600mg/kg 硝态氮 / 铵态氮值（4 ～ 6）∶1 交换性钙值 50 ～ 200mg/kg 交换性镁值 25 ～ 100mg/kg	NY/T 2118—2012 《蔬菜育苗基质》
容重 0.3 ～ 1g/cm³ 总孔隙度 70% ～ 90% 通气孔隙度 20% ～ 30% 持水孔隙度 50% 气水比 1 ∶（2 ～ 3） 粒径 2 ～ 4mm 占 80%	pH 值 5.5 ～ 6.5 EC 值 0.5 ～ 1mS/cm 阳离子交换量 30 ～ 100cmol/kg 有机质 15% ～ 40% 速效养分（以干重计）10% ～ 15%	DB/T 2880—2018 《蔬菜栽培基质通用技术要求—果菜类蔬菜栽培基质理化指标》
有机物 ∶ 无机物 ≤ 8 ∶ 2 容重 0.3 ～ 0.65g/cm³ 总孔隙度 > 85%	pH 值 5.8 ～ 6.4 有机质 40% ～ 50% C ∶ N=30 ∶ 1 总养分含量 3 ～ 5kg/m³	中国农业科学院蔬菜花卉研究所

基质的速效养分、酸碱性和盐分含量分别参照第二章中土壤养分分级的相关内容和表 3-3。基质中全量养分量（kg/m³）= 全量养分含量（g/kg）× 容重（g/cm³）；基质中速效养分量（g/m³）= 速效养分含量（mg/kg）× 容重（g/cm³）。

表 3-3 菜田土壤速效养分含量分级参考标准（单位：mg/kg）

指标	临界值	极低	低	中	较高	高
硝态氮	50	< 25	25（含）～ 50	50（含）～ 100	100（含）～ 150	≥ 150
有效硫	12	< 6	6（含）～ 12	12（含）～ 24	24（含）～ 40	≥ 40
有效铜	1	< 0.5	0.5（含）～ 1	1（含）～ 2	2（含）～ 4	≥ 4
有效铁	10	< 5	5（含）～ 10	10（含）～ 15	15（含）～ 25	≥ 25
有效锰	5	< 2.5	2.5（含）～ 5	5（含）～ 10	10（含）～ 20	≥ 20
有效锌	2	< 1	1（含）～ 2	2（含）～ 3	3（含）～ 5	≥ 5
有效硼	0.5	< 0.2	0.2（含）～ 0.5	0.5（含）～ 1	1（含）～ 2	≥ 2

资料来源：黄绍文等，2011；高峻岭，2011；陈清，2014。

五、基质消毒与利用

部分基质原料和使用过的栽培基质要进行消毒处理，适宜的消毒方法有药剂消毒、太阳能消毒、生物药剂消毒等。重复使用的栽培基质，连续使用 5 年，蔬菜产量无明显降低。利用秸秆类基质进行无土栽培，基质分解十分迅速，有研究表明第 1 茬玉米秸秆的体积可减少 50% 以上，混合基质体积减小 5% ～ 30%。翌年在每年的春茬或秋茬需要根据实际情况填充，新鲜基质的补充将有利于稳定混合基质的理化性状，延长栽培基质的使用寿命，同时有效促进有机基质的产业化发展，形成良性循环。废弃基质具备丰富的有机质和养分，虽然作无土栽培效果受影响，但对土壤肥力低的大田、新建菜田以及过砂或过黏的地块说来，都是很好的土壤改良剂，可直接当作有机肥施用。

药剂消毒 可参照第一章中关于土壤消毒方法的内容。

太阳能消毒 利用春夏茬作物拉秧后夏季空茬时期（7 月），天气晴好，气温较高，阳光充足，将基质充分深翻，均匀破碎团粒，浇透水，地表覆盖透明塑料膜，四周压实，闭棚闷 10 ～ 30 天。

生物药剂消毒 为了取得更好的消毒效果，还可以选择生物药剂熏蒸。采用滴灌辣根素（20% 异硫氰酸烯丙酯）进行基质的熏蒸处理可以有效杀灭基质中残存的多种有害微生物、根结线虫等，具有防控多种土传病害的综合效果。

六、基质栽培下番茄养分吸收特征与养分管理

施肥对保障基质栽培蔬菜"高产、优质、高效"具有重要作

用。国外主要采用智能自动化滴灌营养液的施肥技术，但价格昂贵，成本高，一次性投入过大，如荷兰蔬菜无土栽培技术在国内就一直未能大面积推广。加上定期需要对营养液进行检测和成分调整，属于高技术范畴，难以适用于一家一户的蔬菜生产需求，推广速度也比较慢。

低成本、环保型无土栽培基质是我国研究的重点。我国多采用前期施用固态肥（化肥和有机肥），也就是底肥可选用有机肥、生物有机肥、堆肥、牛粪、鸡粪等，后期滴灌追肥的方式。该方式相比于全营养液滴灌成本低，操作简单可行，适宜推广。

（一）番茄养分吸收特征

设施基质栽培蔬菜养分需求量与土壤栽培蔬菜相似，每生产1000kg 番茄 N、P_2O_5 和 K_2O 需求量分别为 3.1～3.6kg、0.9～1.1kg 和 3.6～4.0kg，比例为 1.00：0.25：1.11。可见，土壤栽培与基质栽培条件下番茄的单位产量养分需求量及比例差异不大。

一般情况下，蔬菜干物质积累规律近似"S"形曲线。基质栽培条件下的春夏茬番茄全株干物质累积量从第 1～3 穗坐果期达到高峰，植株氮磷钾累积峰值出现在第 1 穗坐果期，均占植株全生育期累积量的 60% 以上；果实干物质累积峰值出现在第 3 穗坐果期，占到果实全生育期累积量的 39% 以上。秋冬茬番茄全株干物质累积总体呈现出"缓慢积累—快速增加—趋于平缓"的变化趋势，植株和果实累积峰值分别出现在初果期和盛果期。与春夏茬相比，由于秋冬茬番茄结果期处于日光温室弱光、低温、高湿的环境条件下，蒸腾作用和根系活力较低，进而造成番茄干物质、氮磷钾累积量较低。秋冬茬番茄干物质和氮磷钾的累积量分别为春夏茬番茄的 84%、78%、65% 和 78%。

（二）养分管理

岩棉、草炭等不提供养分或提供很少养分的基质，仅需根据蔬菜养分需求量及生育期间需求规律进行营养液滴灌调控。而对于混入有机物料的有机基质，基质自身是作物生长的重要营养源，含有各种大量和微量营养元素可为作物提供养分，有机物质不断进行分解，能提供栽培作物所需的各种营养物质。在营养调控时，需要综合考虑基质提供养分量、蔬菜生育期间基质养分释放规律、蔬菜养分吸收量、蔬菜生育期间养分需求规律、化肥利用率等因素。

无论是春夏茬还是秋冬茬，番茄全株（植株和果实）同时期的氮磷钾累积量与基质中相应氮磷钾数量之间呈极显著负相关，也就是说当番茄氮磷钾积累高时，基质中速效氮磷钾显著降低。已开展的番茄基质栽培试验点数据表明，春夏茬番茄全生育期间基质速效氮处于中低水平，苗期至第3穗坐果期下降明显；全生育期基质速效磷处于高水平，苗期至第2穗坐果期下降明显；苗期基质速效钾处于高水平，第1～3穗坐果期急剧下降。秋冬茬番茄生育期间基质速效氮始终处于较低水平，速效磷量始终处于高水平，定植前基质速效钾量处于高水平，结果期速效钾量急剧下降。因此，基质栽培条件下的春夏茬和秋冬茬番茄施肥要重点投入氮和钾，重视苗期至第3穗坐果期氮的投入，重视第1～3穗坐果期钾的投入，适当减少磷施用量。

（三）肥料的选择与用量

设施番茄定植前科学施用有机肥是高产优质的基础，能提高基质碳氮比、供肥平稳、抗逆性强、高产稳产。基肥宜选用腐熟的牛粪、秸秆混合物，亩施用0.5～1t；化肥尽量选用低磷品种，亩施

15～20kg 做基肥。有机基质中的微量元素较丰富，可满足作物对钙、铁、锰、锌、铜等元素的吸收利用，仅重点补充氮、磷、钾即可；也有研究表明，部分有机基质材料中的磷供应基本能满足蔬菜的需求。有机基质中养分平稳缓慢释放，释放速度为钾＞氮＞磷，其中钾多以有效态的形式存在，当茬有效性可达 80% 以上；缓效氮转化释放可持续 6 个月之久；缓效磷转化释放甚至可以满足蔬菜连续种植 4 茬的需求。

确定适宜的化肥用量是关键，用量少降低产量效应，用量多则降低经济效益和产品品质，增加环境风险，可见施肥量的确定是施肥技术的核心。基质养分管理需要针对不同肥力的基质制定不同的施肥策略。低肥力基质以增产为目标，适当增施肥料；中肥力基质补充收获带走的养分，维持性施肥；高肥力基质充分利用基质养分，适当减施肥料。当基质中速效养分不足时，乘以校正系数 1.5；中等时，乘以校正系数 1；丰富时，乘以校正系数 0.8（国家大宗蔬菜体系土壤肥料团队）。在明确单位产量养分吸收量及其校正系数的基础上，采用设施蔬菜施肥量简便快速推荐方法。

与土壤栽培相比，基质栽培深度多在 20～30cm，加上基质缓冲性、保水性和保肥性有限，因此根系生长空间有限，蔬菜生长发育更易受到养分浓度变化的影响，必须采用"少量、多次、平衡"的调控方式。后期滴灌追施化肥，以保证蔬菜的产量和品质，适宜化肥养分比例为 $N:P_2O_5:K_2O=1.00:0.25:1.5$。

（四）水肥一体化

重点推广应用膜下滴灌技术，选择适宜的滴灌设备、施肥设备、储水设施、水质净化设施等，根据作物长势、需水规律、天气情况、棚内湿度及实时基质水分状况，以及不同生育阶段对基质含水量的要求，调节滴灌水量和次数。

番茄生育期间追肥结合水分滴灌同步进行。滴灌专用肥尽量选用含氨基酸、腐植酸、海藻酸等具有抗逆作用的功能型完全水溶性肥料。定植至开花期间选用高氮型滴灌专用肥，选用 20-12-16+TE（添加微量元素硼、铁等），或 24-8-18+TE，或 30-10-10+TE，或氮磷钾配方相近的完全水溶性肥料，每亩每次施用 4～6kg，每 7 天滴灌追施一次。开花至拉秧期，选用高钾型滴灌专用肥，选用 15-5-30+TE，或 18-3-29+TE，或 18-6-26+TE，或氮磷钾配方相近的完全水溶性肥料水溶肥，每亩每次施用 7.5～10kg，每 10 天滴灌追施一次。如采用冲施方法，则肥料用量需要增加 20% 左右。

由于前期施用了有机肥，微量元素丰富，番茄缺素症状并不常见。但是春夏茬番茄在持续低温、寡照等逆境条件，加上近年来口感番茄的控水栽培等原因，需要加强叶面肥管理，如花蕾期、花期和幼果期叶面喷施硼肥 2～3 次，初花期至第 1 穗果前期叶面喷施钙肥 3～4 次，开花期至果实膨大前叶面喷施镁肥 2～3 次。

七、简易基质栽培具体做法

（一）施工操作

栽培基质由草炭、珍珠岩、蛭石和鸡粪混合而成，体积比为 6：2：2：1。以标准的日光温室为例，长 50m，宽 8m，可开槽 31 个。每个槽长 7m，槽深 20cm，上口宽 30cm，下底宽 20cm，见图 3-1。

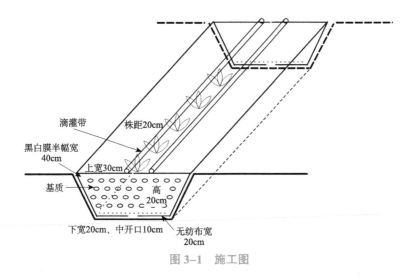

图 3-1 施工图

（二）准备材料

每个畦准备长 6m、宽 0.5m 的黑白膜两片，用于将基质和土壤隔离，黑膜向上平铺在栽培畦内，两膜中间留 10cm 间隔。再以中部间隔为中心，用长 7m、宽 0.4m 的 40g 无纺布平铺在畦底，铺好后将基质填入栽培槽内。槽间过道用一片长 6m、宽 1.2m 的黑地布遮盖。基质平整找齐后，平铺安装滴灌带，浇透水后即可定植。

（三）种植过程

基质槽单行种植番茄，株距 20cm，也可缩短株距至 10cm，间隔吊蔓，见图 3-2。待番茄缓苗后，把黑白膜左右合拢，中缝用嫁接夹夹住，嫁接夹按 1 只 / 株苗准备。

图 3-2   基质栽培番茄

（四）成本核算

若不考虑水肥一体化设备，标准日光温室 400m² 开展简易基质栽培模式，需要成本约 7200 元，详见表 3-4。一次性投入后，基质使用年限可达 5 年，若按每年种植两茬计算，每茬仅需 720 元，价格低廉。该模式适宜番茄、黄瓜、椒类、茄子等经济价值高的果类蔬菜。

表 3-4   简易基质栽培成本

项目	成本（元 /400m²）
复合基质	4480
黑白膜	920
无纺布	320
黑色地布	1400
人工	80
合计	7200

八、育苗技术

可参考第二章中的"二、育苗生产环节"相关内容。

九、病虫害防治技术

可参考第二章中的"四、病虫害减药防治技术"相关内容。

十、模式实例

此案例为某园区日光温室番茄简易基质栽培的施肥和植保方案。

(一)步骤1：确定养分供应量

按照每1000kg番茄养分吸收量为N 3kg、P_2O_5 0.45kg、K_2O 4.8kg计算总养分量。假设番茄平均产量为4000kg，那么当茬所需养分为N 12kg、P_2O_5 1.8kg、K_2O 19.2kg。

(二)步骤2：扣除基质中养分

栽培基质硝态氮、有效磷和速效钾均极为丰富，N、P_2O_5和K_2O吸收量校正系数分别按0.8计算，番茄养分需求量为N 9.6kg、P_2O_5 1.44kg和K_2O 15.4kg。

(三)步骤3：确定施肥方案

综合考虑目标产量和基质肥力状况，确定后期追肥总量后，再根据不同茬口养分需求规律，按留穗数确定基肥、追肥比例、追肥次数并进行分配。按照春夏茬不同生育阶段需肥规律，确定施肥方案，见表3-5。整个计算过程中建议采用四舍五入的方式进行修正，尽量去零化整，或保留1位小数，以便实际操作。

园区可选用四水硝酸钙、硝酸钾、尿素、七水硫酸镁、磷酸二氢铵等单质肥调整营养液配方，也可选用大量元素水溶肥。春夏茬低温、弱光会影响植物的抗逆性，前期可用 300 倍保根 120 菌剂或 100 倍普利登鱼蛋白进行灌根。

表 3-5　施肥方案

生育期	N（kg/亩）	P_2O_5（kg/亩）	K_2O（kg/亩）
苗期	0.4	0.2	0.8
开花坐果期	1.4	0.7	1.5
结果初期	2.4	0.2	4.6
结果盛期	4.3	0.2	7.0
结果末期	1.1	0.1	1.5

（四）步骤 4：番茄病虫害基础信息调研

查看近 3 年内该茬口番茄病虫害发生及用药记录，向园区确定该茬口种植品种、育苗、定植计划；评估园区种植管理水平，硬件设施及人员条件；与园区植保负责人沟通协作制定本期植保方案。

园区在 2017 年同期种植口感番茄原味一号，密度为 2000 株/400m^2，株行距为 40cm×50cm，采用基质栽培，主要病虫害为苗期猝倒病、叶霉病、脐腐病、灰霉病、粉虱、蓟马和菜青虫。以往的防治措施主要为化学防治，药剂包括普力克、甲霜·福美双、甲基硫菌灵、5% 磷酸钙、螺虫乙酯、乙基多杀菌素、啶虫咪等。绿色防控采用防虫网、黄蓝板、诱虫灯、滴灌，其他生产技术包括采用二氧化碳、补光灯、加温热力泵等。

通常每个棚室作物的病虫害情况由 1 名工人负责日常监测并报告给园区植保技术人员，由园区植保技术人员进行诊断并提出防治方案。由工人负责棚室日常各项生产及植保操作。

（五）步骤 5：减药植保方案

本期定植的番茄品种为口感番茄京采 6 号，其定植密度为 2000 株 /m²，株行距为 40cm×50cm，种植方式为基质栽培。减药宗旨为应用天敌昆虫丽蚜小蜂、烟盲蝽、东亚小花蝽、捕食螨等防治粉虱和蓟马，喷施 D- 柠檬烯等植物源药剂防治粉虱、叶螨、蚜虫等小型害虫，应用 Bt、昆虫病毒等防治菜青虫、棉铃虫等鳞翅目害虫，应用寡雄腐霉预防晚疫病，应用解淀粉芽孢杆菌剂防治白粉病，应用熊蜂授粉技术增加授粉率，减少灰霉病发生。

第四章

设施番茄土肥植保社会化服务

党的十九届五中全会提出，健全农业社会化服务体系，发展多种形式适度规模经营，实现小农户和现代农业有机衔接。2021 年农业农村部颁布《关于加快发展农业社会化服务的指导意见》，提出要把专业服务公司和服务型农民合作社作为社会化服务的骨干力量，增强服务能力，拓展服务半径；推动服务范围从粮棉油糖等大宗农作物向果菜茶等经济作物延伸，不断提升社会化服务队农业全产业链及农林牧渔各产业的覆盖率和支撑作用；鼓励服务主体积极创新服务模式和组织形式，大力发展多层次、多类型的社会化服务；围绕农业全产业链，提供集农资供应、技术集成、农机作业、仓储物流、农产品营销等服务于一体的农业生产经营综合解决方案。

近年来，北京市耕地建设保护中心和北京市植物保护站在土肥与植保融合的社会化服务方面开展了一系列的探索和实践，针对投入品不科学施用引起的肥药问题，优化集成了化学肥料与化学农药减量技术，为园区提供全链条土壤、肥料、农药管理的技术服务，取得了良好的减肥减药效果。本章就土肥与植保融合社会化服务的工作进展、机制探索、工作流程、服务效果和发展方向等进行介绍，为北京市乃至我国农业社会化服务机制改进，提升我国农业社会化服务水平提供参考。

一、农业社会化服务的必要性

1. 发展农业社会化服务是实现中国特色农业现代化的必然选择

大国小农是我国的基本国情农情，全国小农户数量约占各类农业经营户总数的 98%，经营耕地面积约占到耕地总面积的近七成。"人均一亩三分地""户均不过十亩田"的小农生产方式，是我国农业发展需要长期面对的基本现实。我国国情决定了短期不能学欧美模式，把农民的土地集中到少数主体手上搞大规模集中经营；也不可能走日韩高投入高成本、家家户户设施装备小而全的路子。要确保 14 亿多人口的农产品有效供给，解决好"谁来种地、怎么种好地"问题，迫切需要加快发展农业社会化服务。通过发展农业社会化服务，把一家一户干不了、干不好、干不起来、不划算的生产环节集中起来，统一委托给服务主体完成，将先进适用的品种、技术、装备、组织形式等现代生产要素有效导入农业，促进农户和现代农业有机衔接，推进农业生产过程的社会化、标准化、集约化，从而实现农业现代化。

2. 发展农业社会化服务是促进农业高质量发展的有效形式

随着我国工业化水平不断提升，城镇化进程加快，农业生产中劳动力不足、老龄化、女性化、兼业化的现象日益凸显。与农业高质量发展的要求相比，我国农业面临化肥农药用量大、利用率低、技术装备普及难、应用不充分、农民组织化程度低等问题，迫切需要用现代科学技术、物质装备、产业体系、经营形式来改造和提升农业。多年实践证明，比园区常规管理，社会化绿色套餐服务和病虫害防治服务可分别节肥节药 20% 左右，防治效果提高 5 个百分点以上。可见，农业社会化服务的过程，是推广应用先进技术装备的过程，是推进农业标准化生产、规模化经营的过程，有助于转变农业发展方式，促进农业转型升级，实现质量兴农、绿色兴农和高质量发展。

二、农业社会化服务的优点

随着我国现代农业加快推进，广大小农户和新型经营主体对服务的需求越来越大，要求也越来越高，农业社会化服务面临良好的发展机遇，处于加快发展的重要阶段。自 2017 年开始，中央财政安排专项转移支付资金用于支持农业生产社会化服务，经过多年引导扶持，发展农业社会化服务的技术力量、设施装备、服务主体等方面都已具备了有利条件。截至 2020 年年底，全国各类社会化服务主体超过 90 万个，服务面积超过 16 亿亩，带动小农户超过 7000 万户。一些市场主体纷纷进入农业服务领域，在实践中探索了一批可复制、可推广的成功模式，为加快发展多元化、多层次、多类型的农业社会化服务提供了有益经验。

相比于传统管理服务模式，农业社会化服务有以下六方面优势。

服务人员专业性　社会化服务组织人员均具备扎实的社会化技术知识，并且具有丰富的实战操作经验，能够在节肥节药技术推广应用过程中，发挥出更好的效果和作用。

技术方案科学性　社会化服务组织在土肥植保部门的指导下，能够为示范基地制定出更为科学、合理的整套节肥节药技术体系，从技术方案的层面实现肥药的源头减量使用。

器械设备先进性 社会化服务组织配备的施药施肥器械、植株残体处理等设备均为作业效率高、农药利用率高、处理效果好的设备，在确保相关作业效果的同时，还能进一步推进全市先进作业器械的推广应用。

技术推广灵活性 社会化服务组织在服务的过程中，通过组织开展现场观摩会、专题培训会、网络视频直播等方式，进一步提高了技术推广的覆盖面。

应急防控及时性 在 2020 年新冠肺炎疫情防控初期，技术推广部门受隔离限制无法到达一线进行指导，社会化服务组织利用其服务网点多、人员驻村驻点，服务时间灵活的优势，及时开展技术指导服务，减少了农民集中下地的风险。在春耕备耕、三夏生产期间，农业社会化服务主体及时为农户提供"保姆式"生产托管服务，有效保障了农业生产。

服务链条全面性 社会化服务在开展土肥植保服务的同时，依托相关项目或工作要求，同时开展病虫害监测预警、农药包装废弃物回收处理等工作，进一步拓展了农业社会化服务内容。

三、农业社会化服务的工作原则

1. 绿色安全原则

社会化服务组织秉承全程绿色安全的理念，具有绿色防控为主体的综合防治体系，应用立体防控、时空防控技术，达到对作业地多层防控、多区块联动的区域联防控制，最大限度降低化肥与农药用量、输出农产品的农药及重金属残留，达到绿色、有机食品安全健康标准。

2. 专业严谨原则

社会化服务组织拥有绿色套餐施肥技术和绿色防控技术，利用绿色防控宣传教育、土壤肥料、绿色防控的专业知识培训和上岗实训，逐步形成了系统化的绿色防控体系。综合考虑蔬菜生育期养分需求特征，基于4R养分管理原则，为园区提供测土、改土施肥方案、肥料产品、后期管理全链条服务。以种苗无毒化处理和土壤消毒等源头防控为重点，从种苗、空气、土壤、棚室表面、病残体、作业人员携带、投入品、水源、有机肥、菌肥等途径控制危害风险；推广土壤和基质消毒技术，推动实现高水平的土壤健康管理方案。

3. 经济高效原则

社会化服务组织深入贯彻绿色防控理念，从农业投入品产出效益出发，通过测土配方、优化养分比例、天敌种类及数量的组合优化、授粉生物高效投放、防虫网选择、生物农药综合评价等技术服务手段，实现投入品高效利用和精细化服务对接。

4. 生态环保原则

立足生态中国，绿色防控主要选用可降解投入品以及低碳、环保投入材料，保护农田生态环境和生活环境；优先推荐还原法生态消毒技术，积极推广炭基肥施用等作业方式，建立快捷市场需求对接和生态作业方式，减少燃油和人员重复消耗。

5. 健康可持续原则

社会化绿色防控，以维护土壤和植物健康为目标，大力推动土壤健康管理和植物健康守护，将绿色防控模式打造成可持续性好、用户满意度高、市场辐射力强的生态防控服务核心。

四、农业社会化服务的机制探索

在目前农作物规模化程度不高、农户生产收益有限的情况下，尽管土肥植保社会化服务具备上述多方面优点，但社会化服务市场化大范围推广还存在一定的困境，需要开展多种社会化服务机制的探索与示范推广。北京市结合相关农业项目和市级补贴政策，共开展了全额农资与服务补贴、政策性全额服务补贴、政策性部分服务补贴 3 种补贴模式，以及"以工换工"非补贴模式的服务机制探索工作。

1. 全额农资与服务补贴

农业技术推广部门通过与社会化服务公司签订委托合同的形式，委托其在一定区域内开展某一类或多类生产性社会化服务工作，并对期间所产生的肥料、农药等农资投入品与技术服务进行全额补贴。具体补贴内容包括：园区基本生产情况、肥药投入品等调研，土壤养分检测，服务预案制定，定期巡棚，监测预警，定期土肥植保作业，突发情况处置，服务档案记录，组织开展技术培训观摩，服务总结报告撰写等。该模式的 6 项优点见本章"二、农业社会化服的优点"，缺点为补贴的额度偏高，需要后续政府资金投入，社会化服务组织需要优化服务内容，并降低服务成本。

2. 政策性全额服务补贴

政策性全额服务补贴是由市财政设立专项补贴资金，通过转移支付方式转移到区财政，由区级农业部门通过招投标的方式确定委托社会化服务组织实施，并对所采取的服务进行全额补贴。2020 年北京市投入资金 1 亿元，对本市实际种植粮经作物和蔬菜的耕地，实施以绿色生态为导向的农业补贴制度，实施推广应用有机肥补贴政策。委托社会化服务组织对粮田开展有机肥撒施工作，亩施用有机肥 1t，撒施费用为 85 元 /t，带动种粮大户提升耕地质量的积极性。该模式具有前文所述农业社会化服务的 6 项优点，农户和社会化服务组织积极性高。缺点为补贴的额度偏高，需要后续政府资金投入，社会化服务组织需要优化服务内容，并降低服务成本。

3. 政策性部分服务补贴

政策性补贴是由市财政设立专项补贴资金，通过转移支付方式转移到区财政，然后由市级相关部门制定相关补贴标准并开展技术指导服务，由区级农业部门具体组织实施。2021 年北京市投入资金 1 亿元，针对主要农作物重点推广应用的病虫害绿色防控产品和病虫害社会化服务进行补贴。在病虫害社会化服务补贴部分，分别对一类作物（草莓、长季节生产番茄等）、二类作物（常规生产茄果类等作物）、三类作物（叶菜类作物）补贴 50% 的服务费用，补贴金额分别为 590 元 / 亩、375 元 / 亩和 175 元 / 亩。该模式的优点也具有前文所述农业社会化服务的 6 项优点，同时实现了分类分价格补贴，能促进社会化服务的市场化发展。缺点是需要农户承担 50% 的服务费用，具有一定实施难度。

4. "以工换工" 非补贴模式

"以工换工" 是指接受社会化服务的种植户不直接出钱，在服务队账本上按服务的内容记上欠给服务队的工时，今后在社会化服务队在工作中进行栽苗、吊秧、疏果、拉秧、整地等农事操作需要人工时，再由原接受社会化植保服务的种植户同等时间换回。该模式的优点：一是减少直接投入、农民更易接受，在一定程度上解决了公司型社会化服务费用高、推广困难等问题；二是降低了社会化服务队成员劳动强度；三是增加了双方积极性；四是服务效果由农户进行监督，不易造假。缺点是需政府部门加大技术扶持引导力度，并争取逐步纳入政府补贴范围。

五、农业社会化服务的工作流程

下面以政府补贴机制为例，介绍农业社会化的服务流程，详见图 4-1。

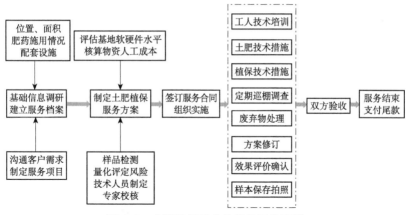

图 4-1 土肥植保社会化服务工作流程

① 农业推广部门与服务组织签订服务协议，明确具体的服务范围、服务内容和考核指标等内容。

② 服务组织开展实施园区施肥、施药、病虫害发生等基础情况调查。

③ 在市区两级土肥、植保相关部门的指导下，制定节肥节药预案。

④ 服务组织与园区依据实施方案签订服务合同，包括服务内容、成本效果评价方法和争议处理方法。

⑤ 服务组织制定具体实施预案，包括检测样品、明确园区配合内容、建立作业操作记录档案等，做到可追溯可查询。

⑥ 服务组织开展土肥、植保服务工作，包括定期施肥打药、预防监测、巡棚预警、突发情况处理、调查统计、预案修订。

⑦ 社会化服务效果评价及确认，服务组织和实施园区共同完成效果调查统计、样本保存、拍照记录工作，由服务组织提交相关工作总结报告，农业推广部门或园区进行验收和确认工作。

六、农业社会化服务的减肥减药效果

（一）整体服务效果

与农户常规作业相比，第三方社会化服务模式可减少化学肥料和农药用量 30% 以上。北京市目前有专业资质的社会化服务组织有 36 家，其中 8 家获评农业农村部认定的"全国统防统治星级服务组织"（农业农村部统计全国有 90 万个农业社会化服务组织，目前经星级认定的仅 256 个），具有较高的服务能力和服务水平。社会化服务的应用符合当前国家大力推进农业生产托管的方针政策，有利于实现小农户与现代农业的有机衔接。

以下介绍政府专项补贴资金模式下开展的减肥减药社会化服务工作实例。

经过公开比选或者招标选定的社会化服务组织在市区两级土肥、植保部门的指导下，通过整合国内外先进农业投入品和先进经验，研发出减肥减药产品和病虫害防治配套技术，探索土肥与植保融合的社会化服务模式。最终实现肥药应用一体化、地上地下立体化、土肥植保服务社会化、肥药减量化，达到控制种植业面源污染的目的。

实施范围选择了北京市昌平区 4 个具有代表性的蔬菜种植园区，针对园区主栽的 9 种作物开展了服务。土肥社会化服务工作见图 4-2，植保社会化服务工作见图 4-3。由表 4-1 和表 4-2 可知，较园区传统施肥施药，开展社会化服务，就施用化学肥料和化学农药而言，增效明显，具体如下。

图 4-2 土肥社会化服务　　　图 4-3 植保社会化服务

① 9 种作物亩均节肥 3.7kg，节药 84g，成本增加 785 元，增效 1209 元。

② 果类蔬菜亩均节肥 2.9kg，节药 70.5g，成本增加 475 元，增效 1816 元。

③ 叶类蔬菜亩均增施化肥 0.8kg、节药 7.5g、成本增加 1256元、增效 329 元。

④ 草莓亩均节肥 24.8kg、节药 448g，成本增加 145 元、增效 2298 元。

⑤ 果类蔬菜和草莓经济价值高，园区投肥投药积极性高，对社会化服务接受度高；叶类蔬菜经济价值相对较低，园区在肥药方

面少施或不施，而社会化服务是按照测土结果、整年农作物目标产量制订肥药方案，因此会出现部分园区叶菜增施化肥，农药无变化，而整体上减肥减药的情况。

表 4-1　土肥植保融合社会化服务与传统方式成本效益

作物	社会化服务				传统方式			
	化肥（kg/亩）	化学药剂（g/亩）	成本（元/亩）	效益（元/亩）	化肥（kg/亩）	化学药剂（g/亩）	成本（元/亩）	效益（元/亩）
草莓	25.2	468	6910	58632	50.0	916	6765	56334
油菜	5.5	60	4267	11803	4.7	60	2925	11345
菠菜	4.4	60	4213	4927	4.7	60	2925	5745
生菜	8.0	60	4373	5427	7.1	60	3059	6471
芹菜	19.6	60	4960	23720	18.0	90	3880	21000
辣椒	8.6	185	4606	65594	14.0	210	4808	60067
茄子	4.2	150	4167	71373	8.6	190	3863	69007
番茄	8.9	0	4660	81215	7.2	95	3271	78284
黄瓜	3.2	310	4060	93140	6.7	432	3651	96699
平均	9.7	150	4690	46203	13.4	234	3905	44995

注：①化学肥料用量为折纯量。
　　②社会化服务的成本包括肥料、农药、人工以及测土化验费用，传统方式不含测土化验成本。
　　③综合收益＝产品收益－肥料成本－植保成本－测土成本。

表 4-2　土肥植保融合社会化服务与传统方式成本效益对比

作物	化学肥料（kg/亩）	化学药剂（g/亩）	成本（元/亩）	效益（元/亩）
草莓	−24.8	−448	+144.5	+2298
油菜	+0.8	0	+1342	+458
菠菜	−0.3	0	+1288	−818
生菜	+0.9	0	+1314	−1044
芹菜	+1.6	−30	+1080	+2720
辣椒	−5.4	−25	−202	+5527
茄子	−4.4	−40	+304	+2366

续表

作物	化学肥料（kg/亩）	化学药剂（g/亩）	成本（元/亩）	效益（元/亩）
番茄	+1.7	-95	+1389	+2931
黄瓜	-3.5	-122	+409	-3559
平均	-3.7	-84	+785	+1209

注："-"表示社会化服务相比传统方式减少，"+"表示社会化服务相比传统方式增加。

（二）专业化服务具体案例

本案例为某园区日光温室施肥改土与病虫害防治方案。园区番茄目标产量为7t/亩，种植面积1亩，灌溉方式膜下滴灌。共设置两个处理，处理一为传统管理方案，处理二为社会化服务方案。

1.处理一：园区传统施肥施药管理

处理一为园区传统施肥施药管理，每亩底施有机肥2.5t、15-15-15复合肥20kg、过磷酸钙15kg，追施15-15-30水溶肥25kg、中微量元素7kg、刺激素6L、叶面肥0.5L。

2.处理二：社会化服务方案

处理二为社会化服务，除施肥施药由社会化服务负责制定与实施外，日常管理由园区统一操作。

（1）施肥方案

施肥方案见表4-3。

表4-3 番茄施肥方案

施肥方案	时期	品种与用量	作用
底肥	定植期	商品有机肥（符合NY 525—2021《有机肥料》要求），2t/亩	提供养分

施肥方案	时期	品种与用量	作用
追肥	苗期—开花坐果期	13-3-15+TE（添加微量元素）功能型完全水溶性肥料，3kg/亩	提供养分
		腐植酸抗线肥（氮磷钾≥200g/L，并含有微量元素），4L/亩	抗线虫
	结果期	13-3-15+TE（添加微量元素）功能型完全水溶性肥料，7kg/亩	提供养分
		毛根多（氨基酸≥100g/L，Zn+B+F≥20g/L，pH值5～7，比重1.2），4L/亩	提升作物 抗逆性
		15-5-25+TE（添加微量元素）功能型完全水溶性肥料，10kg/亩	提供养分
		钙镁肥（钙镁清液：钙≥90g/L，镁≥10g/L），4L/亩	避免作物缺素
		15-5-25+TE（添加微量元素）功能型完全水溶性肥料，10kg/亩	提供养分
		15-5-25+TE（添加微量元素）功能型完全水溶性肥料，10kg/亩	提供养分
		钙镁肥（钙镁清液：钙≥90g/L，镁≥10g/L），4L/亩	避免作物缺素
		15-5-25+TE（添加微量元素）功能型完全水溶性肥料，10kg/亩	提供养分

（2）春夏茬番茄病虫害防治方案

病害种类

重点发生 立枯病。

轻度发生 叶霉病。

虫害种类

重点发生 粉虱。

轻度发生 潜叶蝇、棉铃虫。

通用预防措施

环境清洁 周边杂草、蔬菜残体、杂物等处理，棚室内垃圾、杂草、不相关的工具等移除棚外。

害虫预防 棚室通风口、门口设置 40 ～ 60 目防虫网。

天敌预防 可在番茄苗定植前 15 天左右在苗床上释放烟盲蝽 1 头 /m² 预防粉虱。

害虫监测 定植后，在棚内悬挂黄板（10 个）、蓝板（5 个）监测粉虱、蓟马等小型害虫。

消毒措施 根据上茬病虫害发生情况决定是否进行土壤、表面消毒；门口放置消毒垫（定期添加消毒液）。

农业措施 保持适宜的温度、充分的光照、合理水肥管理。

残体处理 拔除秧苗，集中后使用废旧棚膜高温密闭堆沤或移动式臭氧农业垃圾处理。

定期预防措施

根据作物生长情况，定期（每隔 15 天左右）针对病虫害进行防控。

第一次 预防土传病害如立枯病、疫病，使用哈茨木霉菌（哈茨木霉菌 T22，6 亿 CFU/g）1000 倍液，定植当天滴灌或灌根，每棵 200mL。

第二次 预防病毒病，叶面喷施氨基寡糖素，10g/亩。

第三次 预防立枯病（清明节前后低温冷害），滴灌冲施甲霜恶霉灵，100g/亩。

第四次 预防病毒病，叶面喷施氨基寡糖素，10g/亩。

病害应急防治措施

根据技术巡棚、调查发现的突发病害，采取如下防治措施。

早疫病 生物防治：推荐使用 2 亿孢子 /g 木霉菌可湿性粉剂 100 ～ 300g/亩或 9% 互生叶白千层提取物乳油 67 ～ 100mL/亩喷雾。化学防治：推荐使用 10% 苯醚甲环唑水分散粒剂 67 ～ 100g/亩、80% 多菌灵水分散粒剂 62.5 ～ 80g/亩、30% 醚菌酯悬浮剂

40 ～ 60g/ 亩、43% 氟菌·肟菌酯悬浮剂 15 ～ 25mL/ 亩或 70% 代森锰锌可湿性粉剂 176 ～ 225g/ 亩等喷雾。

白粉病 生物防治：0.5% 大黄素甲醚水剂 300 ～ 400 倍液、1% 蛇床子素水乳剂 300 ～ 400 倍液叶面、2% 嘧啶核苷类抗菌素水剂 200 倍液或 4% 嘧啶核苷类抗菌素水剂 400 倍液等喷雾。化学防治：推荐使用 25% 乙嘧酚悬浮剂 1000 ～ 1500 倍液或 12.5% 四氟醚唑水乳剂 1500 ～ 2000 倍液等叶面喷施。

叶霉病 生物防治：推荐使用 2% 春雷霉素水剂 140 ～ 175mL/ 亩或 0.5% 小檗碱可溶液剂 230 ～ 280mL/ 亩等茎叶喷雾。化学防治：推荐使用 70% 甲基硫菌灵可湿性粉剂 36 ～ 54g/ 亩、400g/L 克菌·戊唑醇悬浮剂 40 ～ 60mL/ 亩、250g/L 嘧菌酯悬浮剂 60 ～ 90mL/ 亩或 10% 氟硅唑水乳剂 32 ～ 50mL/ 亩等喷雾。

虫害应急防治措施

随时观察黄板和蓝板，发现有蚜虫、粉虱、蓟马等害虫马上使用药剂防护。

粉虱 生物防治：释放丽蚜小蜂或烟盲蝽，或使用 5% D- 柠檬烯 500 倍液叶面喷雾。化学防治：推荐使用 22.4% 螺虫乙酯悬浮剂 1500 倍液叶面喷施。

蚜虫 生物防治：释放瓢虫或蚜茧蜂，使用 0.3% 印楝素乳油 600 ～ 800 倍液或 0.6% 苦参碱水剂 300 ～ 500 倍液叶面喷雾。化学防治：推荐使用 22.4% 螺虫乙酯悬浮剂 1500 倍液或 22% 氟啶虫胺腈悬浮剂 2000 ～ 3000 倍液叶面喷施。

蓟马、棉铃虫 生物防治：防治蓟马可释放东亚小花蝽、巴氏新小绥螨，或使用 0.3% 印楝素乳油 600 ～ 800 倍液、0.6% 苦参碱水剂 300 ～ 500 倍液、240g/L 乙基多杀菌素悬浮剂 1500 倍液叶面喷施；防治棉铃虫可使用 16000IU/mg 苏云金杆菌可湿性粉剂 120g/ 亩或 600 亿 PIB/g 棉铃虫核型多角体病毒水分散粒剂 4g/ 亩等喷雾。

化学防治：防治蓟马推荐使用 5% 甲氨基阿维菌素苯甲酸盐水分散粒剂 1500 ～ 2000 倍液等叶面喷施；防治棉铃虫推荐使用 10% 溴氰虫酰胺可分散油悬浮剂 14 ～ 18mL/ 亩等喷雾。

（3）秋冬茬番茄病虫害防治方案

病害种类

重点发生 病毒病、晚疫病。

轻度发生 叶霉病、灰霉病。

虫害种类

重点发生 粉虱。

轻度发生 潜叶蝇、棉铃虫。

通用预防措施

环境清洁 周边杂草、蔬菜残体、杂物等处理，棚室内垃圾、杂草、不相关的工具等移除棚外。

害虫预防 棚室通风口、门口设置 40 ～ 60 目防虫网。

天敌预防 可在番茄苗定植前 15 天左右在苗床上释放烟盲蝽 1 头 / 米 ^{2} 预防粉虱。

害虫监测 定植后，在棚内悬挂黄板（10 个）、蓝板（5 个）监测粉虱、蓟马等小型害虫。

消毒措施 根据上茬病虫害发生情况决定是否进行土壤、表面消毒；门口放置消毒垫（定期添加消毒液）。

农业措施 保持适宜的温度、充分的光照、合理水肥管理。

残体处理 拔除秧苗，集中后使用废旧棚膜高温密闭堆沤或移动式臭氧农业垃圾处理。

定期预防措施

根据作物生长情况，定期（每隔 15 天左右）针对病虫害进行防控。

第一次 预防土传病害如立枯病、根腐病，哈茨木霉菌（哈茨木霉菌 T22，6 亿 CFU/g）1000 倍液，定植当天滴灌或灌根，每棵 200mL。

第二次 预防病毒病，叶面喷施氨基寡糖素，10g/亩。

第三次 预防立枯病（清明节前后低温冷害），滴灌冲施甲霜恶霉灵，100g/亩。

第四次 预防病毒病，叶面喷施氨基寡糖素，10g/亩。

第五次 预防晚疫病、棉铃虫，叶面喷施 100 万孢子/g 寡雄腐霉菌可湿性粉剂 10g/亩，或用苏云金杆菌可湿性粉剂 120g/亩。

第六次 预防病毒病、晚疫病、粉虱，叶面喷施氨基寡糖素 10g/亩，或用寡雄腐霉菌 10g/亩，或用 5% D-柠檬烯 100 mL/亩。

第七次 预防晚疫病、棉铃虫，叶面喷施寡雄腐霉菌 10g/亩，或用 10% 溴氰虫酰胺 14g/亩。

病害应急防治措施

根据技术巡棚、调查发现的突发病害，采取如下防治措施。

立枯病 生物防治：推荐使用 1 亿活芽孢/g 枯草芽孢杆菌微囊粒剂 100 ～ 167g/亩喷雾。化学防治：推荐使用 50% 异菌脲可湿性粉剂 2 ～ 4g/m² 浇灌。

叶霉病 生物防治：推荐使用 0.5% 小檗碱可溶液剂 230 ～ 280mL/亩、2% 春雷霉素水剂 140 ～ 175mL/亩或 10% 多抗霉素可湿性粉剂 100 ～ 140g/亩等茎叶喷雾。化学防治：推荐使用 70% 甲基硫菌灵可湿性粉剂 36 ～ 54g/亩、400g/L 克菌·戊唑醇悬

浮剂 40 ～ 60mL/ 亩、250g/L 嘧菌酯悬浮剂 60 ～ 90mL/ 亩或 10%
氟硅唑水乳剂 32 ～ 50mL/ 亩等喷雾。

灰霉病 生物防治：推荐使用 1000 亿孢子 /g 枯草芽孢杆菌
可湿性粉剂 60 ～ 80g/ 亩或 3 亿 CFU/g 哈茨木霉菌可湿性粉剂
100 ～ 167g/ 亩等喷雾。化学防治：推荐使用 65% 甲硫·乙霉威可
湿性粉剂 47 ～ 70g/ 亩、62% 嘧环·咯菌腈水分散粒剂 30 ～ 45g/
亩或 400g/L 嘧霉胺悬浮剂 63 ～ 94mL/ 亩等喷雾。

虫害应急防治措施

随时观察黄板和蓝板，发现有蚜虫、粉虱、蓟马等害虫马上使
用药剂防护。

粉虱 生物防治：释放丽蚜小蜂或烟盲蝽，或使用 5% D- 柠
檬烯 500 倍液、100 亿孢子 /mL 球孢白僵菌 ZJU435 可分散油悬浮
剂 60 ～ 80mL/ 亩等喷雾。化学防治：推荐使用 22.4% 螺虫乙酯悬
浮剂 1500 倍液等叶面喷施。

蚜虫 生物防治：释放瓢虫或蚜茧蜂，或使用 0.3% 印楝素
乳油 600 ～ 800 倍液、0.6% 苦参碱水剂 300 ～ 500 倍液、80 亿
孢子 /mL 金龟子绿僵菌 CQMa421 可分散油悬浮剂 40 ～ 60mL/ 亩
等喷雾。化学防治：推荐使用 10% 溴氰虫酰胺可分散油悬浮剂
33.3 ～ 40mL/ 亩喷雾，或 22% 氟啶虫胺腈悬浮剂 2000 ～ 3000 倍
液叶面喷施。

蓟马、小菜蛾 生物防治：释放东亚小花蝽、巴氏新小绥
螨，或使用 0.3% 印楝素乳油 600 ～ 800 倍液、0.6% 苦参碱水剂
300 ～ 500 倍液、240g/L 乙基多杀菌素悬浮剂 1500 倍液等叶面喷
雾。化学防治：推荐使用 5% 甲氨基阿维菌素苯甲酸盐水分散粒剂
1500 ～ 2000 倍液等叶面喷施。

3. 园区传统施肥施药管理与社会化服务方案的效益对比

本案例中某园区番茄生产采用农业社会化服务的效益分析见表 4-4。

表 4-4　某园区番茄社会化服务效益分析

项目	投入情况			社会化服务	传统方式	较传统（%）
投入品	肥料（kg/亩）		有机肥	1500	1500	
		化学肥料	氮（N）	10.81	21.05	−48.65
			磷（P₂O₅）	3.77	7.95	−52.64
			钾（K₂O）	11.88	19.50	−39.10
			氮磷钾总计	26.45	48.50	−45.46
	植保药剂	生物药剂	液体（mL/亩）	2200	0	
			固体（g/亩）	25	0	
		化学制剂	液体（mL/亩）	410	695	−41.01
			固体（g/亩）	0	340	
			固液合计（g/亩）	410	1035	−60.39
成本（元/亩）	水肥成本			4470	4560	+1.97
	植保（含人工）			2000	2250	+11.11
	测土			500	0	
	总成本			6970	6810	+2.35
效益	产量（kg/亩）			1855	1781	+4.15
	产品单价（元/kg）			40	40	
	产品效益（元/亩）			74200	71240	+4.15
	综合效益（元/亩）			67230	64430	+4.35

注：①上述表格内费用为实际发生费用，不同园区管理水平高低不一，所产生的费用也会有所不同。
　　②综合收益＝产品收益－肥料成本－植保成本－测土成本。

七、农业社会化服务的发展方向

实现农业农村现代化，必须建设覆盖全程、综合配套、便捷高效的社会化服务体系。通过充分发挥公共服务机构作用，加快构建公益性服务和经营性服务相结合、专项服务与综合服务相协调的新型农业社会化服务体系。

首先，要强化公益性服务机构建设，在完善服务内容、提高服务能力上下功夫，使公益性服务机构真正做到全覆盖、有保障，切实发挥其主导性作用。其次，要培育农业经营性服务组织，采取政府订购、定向委托、奖励补助、招投标等方式，引导经营性组织参与公益性服务，大力开展科学施肥、土壤改良修复、统防统治、农机作业、农技推广、产品营销等各项生产性服务，满足不同经营主体对社会化服务的需求。最后，着眼于创新服务方式和手段，积极搭建区域性农业社会化服务综合平台，整合资源建设乡村综合服务社和服务中心，发展多种形式、便捷有效的服务模式。

附录 1
设施番茄土壤栽培减肥减药技术规程

番茄是喜光蔬菜，对光照长度和强度要求较高。喜温而不耐低温，生育期的适宜温度范围为 10 ～ 33℃，地温 18 ～ 23℃。低于5℃或高于 35℃生长停止，易早衰。属半耐旱作物，适宜的空气相对湿度为 50% ～ 65%。幼苗期适宜的土壤相对湿度为 65% ～ 75%，结果期为 75% ～ 85%。对土壤通气条件要求严格，含有机质多、土层深厚、疏松肥沃和排水良好的砂质土壤最好，pH 值6 ～ 7 为宜。生育周期大致分为发芽期、幼苗期、开花着果期和结果期。

1　茬口安排

以设施春夏茬番茄为例，12 月下旬至翌年 1 月上旬育苗，2 月中下旬定植，5 月至 7 月初拉秧。

2　品种选择

春夏茬普通番茄选择耐低温弱光、连续结果性强、品质好、坐果率高的品种，如普罗旺斯、合作 928、绝粉 702、中研 988、金棚 1 号等；针对番茄黄化曲叶病毒病，可选用京彩 8、京番 309、金棚 11 号、红贝贝等；针对番茄根结线虫病，可选用京番 308、京番 309、仙客 5 号、仙客 8 号等；鲜食水果番茄可选用果肉软、多汁、风味浓郁、酸甜适宜的原味一号、京番 308 等品种。

2.1 播种量

栽培田用种 20 ～ 30g/ 亩，苗床用种 5 ～ 6g/m²。穴盘育苗，每穴孔播种 1 粒。

2.2 播种方法

播种前催芽，当 70% 以上的种子出芽即可播种。播种前苗床浇足底水，水渗下后用营养土薄撒一层，找平床面，均匀撒播。播后覆营养土 0.8 ～ 1cm。

3 苗期管理

3.1 温度

苗期温度管理指标见表 1。

表 1　苗期温度管理指标　　　　（单位：℃）

时期	昼温	夜温	短时间最低夜温
播种—齐苗	25 ～ 30	15 ～ 18	13
齐苗—分苗前	20 ～ 25	10 ～ 15	8
分苗—缓苗	25 ～ 30	15 ～ 20	10
缓苗后—定植前	20 ～ 25	12 ～ 16	8

3.2 水分

分苗水要浇足，以后视墒情适当浇水。

3.3 分苗

幼苗 2 叶 1 心时，分苗于育苗畦、营养方或营养钵内。

3.4 壮苗指标

株高 20 ～ 25cm，茎粗 0.6cm 以上，现大蕾，叶色浓绿，无病虫害。

4 定植及其准备

4.1 整地作畦

整棚撒施底肥后将肥料翻入土中，旋耕 2 遍，深耕 30cm，达到地平、没有明显坷垃的标准。滴灌和膜下暗灌是较为科学的节水灌溉方式，相对应要做成小高畦或瓦垄畦。小高畦采用滴灌，畦面宽 80cm，畦沟宽 60 ～ 70cm，畦面高出地面 15 ～ 20cm。瓦垄畦采用膜下暗灌，大行距 80cm，小行距 50cm，垄高 15 ～ 20cm，作畦后覆盖地膜。

4.2 定植期

当幼苗 5 叶 1 心时，地温稳定在 10℃，选择阴天或晴天 16 时定植。采用大小行栽培，定植密度一般为 3000 ～ 3500 株 / 亩。每畦双行，株距 25 ～ 35cm。

4.3 缓苗期

定植后浇足定植水，缓苗期 5 ～ 7 天。定植后 3 天内尽量不放风，随后开顶风，不放底脚风。

4.4 蹲苗期

通过合理放风调控温度，期间中耕 2 ～ 3 次，促进发根，开花前浇一次花前水。

4.5 开花坐果期

果实膨大期均匀浇小水，不可大水漫灌，否则容易造成裂果。当番茄第 1 穗果呈乒乓球大小时追肥促果。

5 田间管理

5.1 环境调控

5.1.1 温度

番茄定植后温度管理指标见表 2。

表 2 番茄定植后温度管理指标

时期	温度
缓苗期	白天 22 ~ 28℃；夜间 ≥ 15℃
开花坐果期	白天 20 ~ 25℃；夜间 ≥ 10℃
结果期	8—17 时 22 ~ 26℃；17—22 时 13 ~ 15℃；22 时至次日 8 时 7 ~ 13℃

5.1.2 增加光照

采用透光性好的功能膜，经常保持膜面清洁，白天揭开保温覆盖物，室内后部挂反光幕，增加光照强度和时间。

5.1.3 空气湿度

根据番茄不同生育阶段对湿度的要求和控制病害的需要，最佳空气相对湿度的调控指标是缓苗期 80% ~ 90%、开花坐果期 60% ~ 70%、结果期 50% ~ 60%。

5.2 肥水管理

5.2.1 底肥

新菜田可施用 8 ~ 10m³/ 亩粗杂有机肥，或 4 ~ 5m³/ 亩粪肥（禽类粪肥），或商品有机肥 800 ~ 1000kg/ 亩，搭配化肥 10 ~ 15kg/ 亩（尽量选用低磷化肥品种）。老菜田选用含秸秆丰富、经过堆沤发酵的粪肥 3 ~ 4m³/ 亩（畜类粪肥或畜禽掺混类粪肥），或商品有机肥 500kg/ 亩，也可穴施 20 ~ 25g/ 株生物菌肥，集中穴施。老菜田底肥可不施或少施化肥。

5.2.2 改土

存在重茬、次生盐渍化、酸化等障碍的土壤，定植后，将抗重茬剂（绿康威）随水施用，亩施4kg，连续2～3次；或定植前，在地表喷施30kg/亩禾康土壤调理剂，或施用生石灰，或有条件的可进行一次大水洗盐。有些连作障碍严重的老菜田采用秸秆生物反应堆技术效果很好。

5.2.3 追肥

根据作物生育期的需肥特点，按照平衡施肥的原则，分阶段合理施肥。选用含氨基酸、腐植酸、海藻酸等具有促根抗逆作用的功能型完全水溶性肥料或无磷水溶肥。追肥用量推荐见表3。

表3 番茄各生育期追肥量推荐（以50%水溶肥为总养分肥料为例）

菜田	土壤肥力	定植—开花配方与用量	坐果—收获配方与用量
新菜田	养分水平低至适宜	高氮型，N-P$_2$O$_5$-K$_2$O为16-20-14，或氮磷钾配方相近的完全水溶性肥料3～5kg/（次·亩）	高钾型，N-P$_2$O$_5$-K$_2$O为17-7-26或16-8-34，或氮磷钾配方相近的完全水溶性肥料6～10kg/（次·亩）
老菜田	养分水平较高至极高	N-P$_2$O$_5$-K$_2$O为20-12-16或30-10-10，或氮磷钾配方相近的完全水溶性肥料3～5kg/（次·亩）	N-P$_2$O$_5$-K$_2$O为15-5-30或18-3-29，或氮磷钾配方相近的完全水溶性肥料5～8kg/（次·亩）

5.2.4 中微量元素

结合预防病害、低温损伤、增强作物抵抗力，可在晴天16时后，叶面喷施碧护搭配少许磷酸二氢钾在植株受害部位，连续3～4天。番茄对钙、镁、硼元素比较敏感，缺钙易导致脐腐病，缺镁易形成叶肉黄斑化，缺硼易导致宽带式叶缘黄化症。按照"因缺补缺"原则，可进行追施或叶面喷施或基施。钙肥从花朵形成开始以叶面喷施方式补充，每次间隔 15 天，生育期喷施 4 次；硼素补充可基施 1～1.5kg/亩硼砂，或在花蕾期、花期和幼果期叶面喷施硼肥 2～3 次；镁素补充可在开花期到果实膨大前叶面喷施镁肥 2～3 次，也可基施 2～3kg/亩硫酸镁。

5.2.5 水分管理

选择适宜的滴灌设备、施肥设备、储水设施、水质净化设施等，重点应用膜下滴灌技术。定植后浇足定植水，缓苗期 5～7 天。定植存活后，灌水不宜过多，畦沟内不可有积水，防止忽干忽湿。定植 10 天后浇缓苗水进入蹲苗期，蹲苗期要调节好地上部和地下部的平衡关系。开花坐果前期，控制浇水，在果实膨大期，均匀浇小水，满足生长需求，不可大水漫灌易造成裂果。当番茄第 1 穗果呈乒乓球大小时进行追肥促果。番茄在苗期、开花坐果期、盛果期分别保持土壤含水量为 75%～90%、80%～95% 和 75%～85%，调节滴灌水量和次数，一般每亩每次滴灌量为 5～6m³，使作物在不同生育期阶段获得最佳需水量。

5.3 植株调整

5.3.1 插架或吊蔓

当植株长到 10～12 片真叶时及时用银灰色的尼龙绳吊蔓。吊蔓下端起始于第 1 穗花序的下一节位置，活扣为宜。

5.3.2 整枝打杈

及时对番茄进行整枝打杈、疏花疏果主要是为了协调营养生长和生殖生长平衡。营养生长过旺的原因包括春秋棚高温高湿的人为小环境、氮肥施用过多等，造成番茄侧枝生长过多过快，出现节间长、茎粗大、叶片肥厚等"疯长"的现象，必须整枝打杈，否则浪费植物养分，造成番茄产量减少，品质下降，抑制生殖生长。一般采取单秆整枝，即只保留 1 个主枝结果，其余侧枝全部去除。

植株进入果实绿熟期，叶量较多，可将下部见不到光和变黄的叶片去掉，以改善通风透光条件。一般第 1 果穗以下的叶片全部去掉，以后第 2 果穗进入绿熟期，将其以下叶片去掉，以此类推。每株一般保留 15 ~ 16 片功能叶，才能保证植株的光合作用产物供给果实生长的需求。打老叶与打杈一样，也要选在晴天上午进行，以利伤口愈合，并可随采收将果穗下面叶片摘除。

5.3.3　摘心

摘心是为了削弱顶端优势，使植物体内大量养分输向果实，促进果实膨大，提高产量。果穗数达到计划保留的数目时，在果穗上留 2 ~ 3 片叶后摘心。早熟品种留 3 ~ 4 穗果后摘心，中熟品种留 4 ~ 10 穗果后摘心。

5.4　保果疏果

5.4.1　保果

在花期采用熊蜂或人工辅助授粉。为了防止落花，增加产量，尽量采取自然授粉方式，结出有籽果实。在番茄开花时在棚内释放熊蜂辅助授粉，也可采用震荡授粉器震荡辅助授粉。普通产品可采用丰产剂二号或果霉宁等生长调节剂来帮助坐果，必须配制适宜的浓度来蘸花或涂花，在喷花或蘸花时，注意不要让药液碰到叶片。另外，温度低时浓度大，温度高时浓度低。

5.4.2　疏果

及时将畸形果、畸形花和长势差的小果除掉，大果型品种每穗选留 3 ~ 4 个果；中果型品种每穗选留 4 ~ 5 个果，以保证果实的商品性。待番茄生长后期，去掉植株下部的老叶、黄叶，减少养分消耗，促进通风，降低湿度，减少病虫害传播。结果期适当疏果。

5.5 收获

产品达到商品要求后及时采收。

5.6 清洁田园

上茬收获后，将残株和杂草及时清理干净，集中进行无害化处理，保持田园清洁。

6 病虫害防治

6.1 无病虫育苗技术

6.1.1 种子消毒

种子播种前可用 52℃温水浸种 30min。

6.1.2 苗棚表面消毒

可采用日光高温闷棚或者药剂处理。

6.1.2.1 日光高温闷棚：夏季可使用日光高温闷棚消毒，确保棚内温度达到 55℃以上，闷棚 4 ～ 5 天。

6.1.2.2 药剂处理：在育苗前清除棚内杂草和植株残体。根据病虫发生情况选用杀虫剂和杀菌剂处理棚室表面。推荐使用熏蒸性药剂或烟剂，消毒效果好。如 20% 异硫氰酸烯丙酯（辣根素）水乳剂 1L/ 亩熏蒸处理，或硫黄粉 500g/ 亩 +30% 敌敌畏烟剂 300g/ 亩，或 15% 腐霉·百菌清烟剂 200g/ 亩配合熏蒸处理等。如无熏蒸性药剂，也可用其他剂型药剂均匀喷洒棚室土壤、墙壁、棚膜、缓冲间（耳房）等棚室表面。

6.1.3 色板技术

应在出苗后悬挂黄板诱杀蚜虫、粉虱、斑潜蝇等害虫，悬挂蓝板诱杀蓟马等害虫。悬挂色板高度高出蔬菜顶部叶片 5cm，每亩挂设 25cm×30cm 色板 30 块，或 30cm×40cm 色板 20 块。

6.1.4 防虫网技术

在育苗棚室的门口和通风口分别设置 40～50 目防虫网，将出入口、风口完全覆盖，以阻隔害虫传入。必须在棚室消毒和育苗前设置，不能等害虫进入后再设置。预防番茄黄化曲叶病毒病时建议使用 50 目防虫网。

6.1.5 消毒垫（池）技术

对进出棚室的人员鞋底进行消毒处理，避免由于人为进出棚室传播根结线虫病、枯萎病、根腐病、疫病等土传病害。推荐在棚室入口处设置消毒池或放置浸有消毒液的消毒垫，消毒液可选用双链季铵盐类、含氯消毒剂等，定期补充。也可选用生石灰消毒，推荐用量 100～105g/m²，撒施范围不少于 80cm×60cm。

6.2 定植前棚室表面消毒和土壤消毒技术

6.2.1 定植前棚室表面消毒

可采用日光高温闷棚或者药剂处理，具体方法参照 6.1.2。

6.2.2 定植前棚室土壤消毒

主要方法有太阳能高温消毒、生物或化学熏蒸消毒、针对性药剂处理等。

6.2.2.1 太阳能高温消毒：在 7—8 月设施蔬菜种植的空茬期，深翻土壤 30～40cm，每亩加入碎玉米秸秆 300～500kg、生鸡粪或生牛粪 4m³，与土壤翻耕均匀，浇透水，之后地表覆透明塑料膜，四周压实，视天气情况密闭闷棚 30 ～ 45 天。

6.2.2.2 生物或化学熏蒸：使用 20% 异硫氰酸烯丙酯（辣根素）、棉隆、威百亩等生物或化学药剂熏蒸处理土壤。如异硫氰酸烯丙酯（辣根素）熏蒸处理，在定植前 2 周，在整好地的土壤表面铺滴灌管，密闭覆盖地膜，每亩用 20% 异硫氰酸烯丙酯（辣根素）水乳剂 4 ～ 6L，随水将异硫氰酸烯丙酯（辣根素）溶液均匀滴入土壤耕作层，密闭熏蒸 3 ～ 5 天后，揭膜散气 5 天以上。

6.2.2.3 针对性药剂处理：针对枯萎病、疫病、根结线虫等单一土传病害可选择针对性药剂处理，如防治根结线虫可选用 5 亿活孢子 /g 淡紫拟青霉、41.7% 氟吡菌酰胺悬浮剂等药剂处理，防治枯萎病可选用 3 亿 CFU/g 哈茨木霉菌可湿性粉剂 4 ～ 6g/m² 灌根，或用 300 亿芽孢 /mL 枯草芽孢杆菌、10 亿 CFU/g 多黏类芽孢杆菌、0.1% 噁霉灵颗粒剂等药剂处理。使用方法可采用穴施、定植时灌根等。

6.3　生长期综合防控技术

6.3.1　遮阳网防病技术

为预防病毒病和生理性病害，在高温季节可采用遮阳网技术。生产上通常使用三针的黑色遮阳网，透光率在 60% 左右。

6.3.2　防虫网阻隔防虫技术

定植前在棚室出入口处和通风口完全覆盖防虫网，可有效控制各类害虫进入棚室内部。蝶类、蛾类害虫选择 20 ～ 30 目，粉虱、蚜虫、斑潜蝇等害虫选择 40 ～ 50 目。

6.3.3 色板诱杀害虫技术

在定植后分别挂设 3 块 / 亩黄板和蓝板，用于监测害虫发生动态。害虫发生后，挂设 25cm×30cm 色板 30 块 / 亩，或 30cm×40cm 色板 20 块 / 亩。色板下缘应高出蔬菜顶部 10～20cm。

6.3.4 消毒垫（池）防病技术

参照 6.1.5。

6.3.5 节水灌溉防病技术

推荐使用滴灌、膜下暗灌等水肥一体化节水灌溉措施，减少用水量、减少水分蒸发，有效降低空气湿度，减少植株表面结露，延缓和预防病害发生，降低病害发生程度。

6.3.6 硫黄熏蒸防病技术

硫黄熏蒸技术主要用于番茄白粉病的预防。一般配合电热式硫黄熏蒸器使用，温室内每亩均匀放置 6～8 个熏蒸器，高度距离地面 1.5m，并在熏蒸器上方 80cm 设置防护罩，以免棚膜受损。每次硫黄用量 20～40g，硫黄投放量不超过钵体的 2/3，以免沸腾溢出。使用时间推荐在 18—22 时，保持棚室密闭至少 5h，次日及时进行通风换气。

6.3.7 天敌控虫技术

6.3.7.1 在蚜虫发生初期（点片阶段），在田间释放异色瓢虫，瓢虫与蚜虫的比例为 1 :（20～30），每亩放置 50～100 个卵卡，整个生长季释放 3 次。

6.3.7.2 在粉虱发生初期，将释放丽蚜小蜂的蜂卡挂在植株中上部分的分枝上，每次释放 1000 头 / 亩，若平均每棵植株出现 1～5

头粉虱，每次释放 2000 ～ 3500 头 / 亩，连续释放 4 ～ 5 次，间隔 7 ～ 10 天释放一次。或者在番茄苗床期距定植前 15 天释放烟盲蝽 0.5 ～ 1 头 /m²，同时投喂米蛾卵作为烟盲蝽种虫的饲料，帮助烟盲蝽在番茄苗床上定殖，以预防粉虱发生；或定植后 15 天粉虱未发生时于番茄幼苗上释放烟盲蝽 1 ～ 2 头 /m²，可有效减少粉虱的发生。

6.3.7.3　在蓟马发生初期释放小花蝽，按照小花蝽与蓟马比例 1：（20 ～ 30），均匀释放。

6.3.7.4　在红蜘蛛发生早期（密度 1 ～ 2 头 / 片叶），按照益害比 1：20 淹没式释放智利小植绥螨，每亩 9000 ～ 15000 头；2 周后重复释放一次，叶螨为害严重时（密度 1000 头 / 片叶），按 60 头 / 株释放。

6.3.7.5　在茶黄螨发生初期（密度 1 ～ 2 头 / 片叶），每亩释放巴氏新小绥满 70 ～ 100 袋 / 亩（活动态巴氏新小绥满 200 只 / 袋），整个生长季释放 2 ～ 3 次。

6.3.8　熊蜂授粉技术

5% 的番茄植株开花后熊蜂入棚，尽量傍晚入棚，蜂箱口朝南，蜂箱位置和放置方向不可随意移动，以免造成迷巢死亡。熊蜂适宜温度在 12 ～ 30℃，湿度在 50% ～ 80%。应用熊蜂授粉时应严格控制农药使用，禁止使用吡虫啉、噻虫嗪、高效氟氯氰菊酯等对熊蜂高毒、持效期长的农药，优先采用物理、生态、生物等非药剂方式控制病虫，如确须使用农药应选择芽孢杆菌、苦参碱、氟啶虫酰胺等对熊蜂风险性小的农药种类，施药时将蜂箱搬出棚室，安全间隔期过后再搬回棚室。

6.4 精准用药技术

6.4.1 农药防控技术

6.4.1.1 灰霉病防控，在发病前至发病初期，可使用 5% 香芹酚可溶液剂 100 ～ 120mL/ 亩，2 亿孢子 /g 木霉菌水分散粒剂 100 ～ 125g/ 亩，100 亿孢子 /g 枯草芽孢杆菌可湿性粉剂 100 ～ 120g/ 亩，或 45% 异菌·氟啶胺悬浮剂 45 ～ 50mL/ 亩，兑水均匀喷雾，视病情隔 7 ～ 10 天喷一次。

6.4.1.2 防治根结线虫病可选用 10% 噻唑膦颗粒剂 1500 ～ 2000g/ 亩土壤撒施。

6.4.1.3 防治烟粉虱，可喷施 95% 矿物油乳油 400 ～ 500mL/ 亩，40% 螺虫乙酯悬浮剂 12 ～ 18mL/ 亩，10% 溴氰虫酰胺可分散油悬浮剂 33.3 ～ 40mL/ 亩，或 5% 高氯·啶虫脒可湿性粉剂 25 ～ 40g/ 亩。

6.4.2 高效施药技术

优先选用常温烟雾施药机、弥雾机、弥粉机、静电喷雾器等精准高效施药器械施药，提高农药利用率和防治效果，减少农药对环境的污染。

附录 2
设施番茄简易基质栽培减肥减药技术规程

番茄是喜光蔬菜，对光照长度和强度要求较高。喜温而不耐低温，生育期的适宜温度范围为 10 ～ 33℃，地温 18 ～ 23℃。低于 15℃，不能开花；低于 10℃或高于 35℃生长停止，易早衰。适宜的空气相对湿度为 50% ～ 65%。幼苗期适宜的相对湿度为 65% ～ 75%，结果期为 75% ～ 85%。

该模式适用于设施出现了根际生物群落失衡、土传病害严重、根层土壤氮磷钾大量富集、土壤次生盐渍化和 pH 值降低等土壤问题，而导致连作障碍日益突出的园区，或距水源地（河流、水库、井）较近的园区，可减少氮磷流失对水体污染。加上该模式需要一定的前期物料、工程和人工投入，所以较适用于日光温室。

1 茬口安排

12 月下旬至翌年 1 月上旬育苗，2 月中下旬定植，5 月至 7 月初拉秧。

2 品种选择

2.1 种子质量符合 GB 16715.3《瓜菜作物种子 第 3 部分：茄果类》。

2.2 宜选择抗病、优质、高产、耐贮运、商品性好、性状稳定、适合市场需求的品种，如佳粉系列、毛粉系列、中杂系列、京采系列、原味一号等。普通番茄选择耐低温、弱光、抗病、低温弱光条件下坐果率高，果实生长速度快的金棚 11 号、浙粉 702、桃星等品种；鲜食水果番茄选用果肉软、多汁、风味浓郁的原味一号、京番 308 等品种。

2.3 播种量

栽培田用种 20 ～ 30g/ 亩，苗床用种 5 ～ 6g/m²。穴盘育苗，每穴孔播种 1 粒。

2.4 播种方法

播种前催芽，当 70% 以上的种子出芽即可播种。播种前苗床浇足底水，水渗下后用营养土薄撒一层，找平床面，均匀撒播。播后覆营养土 0.8 ～ 1cm。

3 苗期管理

3.1 温度

苗期温度管理指标见表 1。

表 1　苗期温度管理指标　　　　　（单位：℃）

时期	昼温	夜温	短时间最低夜温
播种—齐苗	25 ～ 30	15 ～ 18	13
齐苗—分苗前	20 ～ 25	10 ～ 15	8
分苗—缓苗	25 ～ 30	15 ～ 20	10
缓苗后—定植前	20 ～ 25	12 ～ 16	8

3.2 水分

分苗水要浇足，以后视墒情适当浇水。

3.3 分苗

幼苗 2 叶 1 心时，分苗于育苗畦、营养方或营养钵内。

3.4 壮苗指标

株高 20 ～ 25cm，茎粗 0.6cm 以上，现大蕾，叶色浓绿，无病虫害。

4 定植及其准备

4.1 施工操作

栽培基质由草炭、珍珠岩、蛭石和鸡粪混合而成，体积比为 6∶2∶2∶1。以标准的日光温室为例，长 50m，宽 8m，可开槽 31 个。每个槽长 7m，槽深 20cm，上口宽 30cm，下底宽 20cm，见图 1。

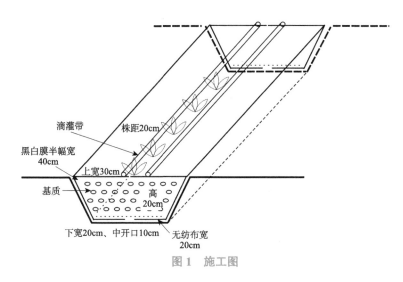

图 1 施工图

4.2 准备材料

每个畦准备长 6m，宽 0.5m 的黑白膜两片，用于将基质和土壤隔离，黑膜向上平铺在栽培畦内，两膜中间留 10cm 间隔。再以中部间隔为中心，用长 7m、宽 0.4m 的 40g 无纺布平铺在畦底，铺好后将基质填入栽培槽内。槽间过道用一片长 6m、宽 1.2m 的黑地布遮盖。基质平整找齐后，平铺安装滴灌带，浇透水后即可定植。

4.3 定植过程

基质槽单行种植番茄，株距 20cm；也可缩短株距至 10cm，间隔吊蔓。待番茄缓苗后，把黑白膜左右合拢，中缝用嫁接夹夹住，嫁接夹按 1 只 / 株苗准备。

5 田间管理

5.1 环境调控

5.1.1 温度

番茄定植后温度管理指标见表 2。

表 2 番茄定植后温度管理指标

时期	温度
缓苗期	白天 22～28℃；夜间 ≥ 15℃
开花坐果期	白天 20～25℃；夜间 ≥ 10℃
结果期	8—17 时 22～26℃；17—22 时 13～15℃；22 时至次日 8 时 7～13℃

5.1.2 增加光照

采用透光性好的功能膜，经常保持膜面清洁，白天揭开保温覆盖物，室内后部挂反光幕，增加光照强度和时间。

5.1.3 空气湿度

根据番茄不同生育阶段对湿度的要求和控制病害的需要，最佳空气相对湿度的调控指标是缓苗期 80%～90%、开花坐果期 60%～70%、结果期 50%～60%。

5.2 肥水管理

5.2.1 底肥

配制腐熟有机肥，以腐熟牛粪和秸秆的混合物最佳，亩施用 0.5～1t。基肥化肥尽量选用低磷化肥品种，如 15-5-25 或 18-9-18，亩用量 15～20kg。在定植前，所有基肥（有机肥、化肥、调理剂等）均匀撒施于栽培基质表面，翻耕入栽培基质内。

5.2.2 追肥

滴灌专用肥尽量选用含氨基酸、腐植酸、海藻酸等具有抗逆作用功能型完全水溶性肥料。如采用冲施，则肥料用量需要增加 20% 左右。定植至开花期间选用高氮型滴灌专用肥，选用 20-12-16+TE（添加微量元素硼、铁等）、24-8-18+TE 或 30-10-10+TE，或者氮磷钾配方相近的完全水溶性肥料，每亩每次施用 4～6kg，每 7 天滴灌追施一次。开花至拉秧期，选用低磷高钾型滴灌专用肥，选用 15-5-30+TE、18-3-29+TE 或 18-6-26+TE，或者氮磷钾配方相近的完全水溶性肥料水溶肥，每亩每次施用 7.5～10kg，每 10 天滴灌追施一次。

5.2.3 中微量元素

按照"因缺补缺"原则，钙肥从花朵形成开始以叶面喷施方式补充，每次间隔 15 天，生育期喷施 4 次；在花蕾期、花期和幼果期叶面喷施硼肥 2～3 次；补充镁素可在开花期到果实膨大前叶面喷施镁肥 2～3 次。

5.2.4 水分管理

定植至开花期间，每亩每次滴灌水量 3～5m³，间隔 1～2 天一次。开花至拉秧期间，每亩每次滴灌水量 8 ～ 12m³，间隔 1 ～ 2 天一次。

5.3 植株调整

5.3.1 插架或吊蔓

当植株长到 10 ～ 12 片真叶时及时用银灰色的尼龙绳吊蔓。吊蔓下端起始于第 1 穗花序的下一节位置，活扣为宜。

5.3.2 整枝方法

番茄的整枝方法有 3 种，单秆整枝、一秆半整枝和双秆整枝，根据栽培密度和目的选择适宜的整枝方法。第 1 侧枝长到 6 ～ 8cm 时再摘去，以后见到侧枝及早摘除。早熟品种采用双秆整枝。中熟品种采用改良式单秆整枝。选晴天通风时掰去侧枝，尽量避免接触主干。

5.3.3 摘心、打底叶

当最上目标果穗开花时，留 2 叶摘心。早熟品种留 3 ～ 4 穗果后摘心。中熟品种留 4 ～ 10 穗果后摘心。第 1 穗果绿熟期后，摘除其下全部叶片，及时摘除枯黄有病斑的叶子和老叶。

5.4 保果疏果

5.4.1 保果

在花期采用熊蜂或人工辅助授粉。为了防止落花，增加产量，尽量采取自然授粉方式，结出有籽果实。在番茄开花时在棚内释放熊蜂辅助授粉，也可采用震荡授粉器震荡辅助授粉。普通产品可采用丰产剂二号或果霉宁等生长调节剂来帮助坐果，必须配制适宜的浓度来蘸花或涂花，在喷花或蘸花时，注意不要让药液碰到叶片。

另外，温度低时浓度大，温度高时浓度低。

5.4.2 疏果

结果期适当疏果，大果型品种每穗选留 3 ～ 4 个果；中果型品种每穗选留 4 ～ 5 个果。

5.5 收获

产品达到商品要求后及时采收。

6 病虫害防治

6.1 无病虫育苗技术

6.1.1 苗棚表面消毒

可采用日光高温闷棚或者药剂处理。

6.1.1.1 日光高温闷棚：夏季可使用日光高温闷棚消毒，确保棚内温度达到 55℃以上，闷棚 4 ～ 5 天。

6.1.1.2 药剂处理：在育苗前清除棚内杂草和植株残体。根据病虫发生情况选用杀虫剂和杀菌剂处理棚室表面。推荐使用熏蒸性药剂或烟剂，消毒效果好。如 20% 异硫氰酸烯丙酯（辣根素）水乳剂 1L/ 亩熏蒸处理，或硫黄粉 500g/ 亩 +30% 敌敌畏烟剂 300g/ 亩，或 15% 腐霉·百菌清烟剂 200g/ 亩配合熏蒸处理等。如无熏蒸性药剂，也可用其他剂型药剂均匀喷洒棚室土壤、墙壁、棚膜、缓冲间（耳房）等棚室表面。

6.1.2 色板技术

应在出苗后悬挂黄板诱杀蚜虫、粉虱、斑潜蝇等害虫，悬挂蓝板诱杀蓟马等害虫。悬挂色板高度高出蔬菜顶部叶片 5cm，每亩挂设 25cm×30cm 色板 30 块，或 30cm×40cm 色板 20 块。

6.1.3 防虫网技术

在育苗棚室的门口和通风口分别设置 40 ～ 50 目防虫网,将出入口、风口完全覆盖,以阻隔害虫传入。必须在棚室消毒和育苗前设置,不能等害虫进入后再设置。预防番茄黄化曲叶病毒病时建议使用 50 目防虫网。

6.1.4 消毒垫(池)技术

对进出棚室的人员鞋底进行消毒处理,避免由于人为进出棚室传播根结线虫病、枯萎病、根腐病、疫病等土传病害。推荐在棚室入口处设置消毒池或放置浸有消毒液的消毒垫,消毒液可选用双链季铵盐类、含氯消毒剂等,定期补充。也可选用生石灰消毒,推荐用量 100 ～ 105g/m²,撒施范围不少于 80cm × 60cm。

6.2 定植前棚室表面消毒和基质消毒技术

6.2.1 定植前棚室表面消毒

可采用日光高温闷棚或者药剂处理。具体方法参照 6.1.1。

6.2.2 定植前基质消毒

如果基质已使用 2 年以上,或者头茬发生过枯萎病、疫病、根结线虫等单一根部病害,需要对基质进行消毒处理。定植前基质消毒主要方法有太阳能高温消毒、生物或化学熏蒸消毒、针对性药剂处理等。

6.2.2.1 太阳能高温消毒:在 7—8 月设施蔬菜种植的空茬期,每亩基质中加入 750 ～ 800kg 商品有机肥,翻耕均匀,浇透水之后基质上面覆透明塑料膜,四周压实,视天气情况密闭闷棚 10 ～ 30 天。

6.2.2.2 生物或化学熏蒸:使用 20% 异硫氰酸烯丙酯(辣根素)、

棉隆、威百亩等生物或化学药剂熏蒸处理土壤。如异硫氰酸烯丙酯（辣根素）熏蒸处理，在定植前 2 周，在翻整好的基质表面铺滴灌管，密闭覆盖地膜，每亩用 20% 异硫氰酸烯丙酯（辣根素）水乳剂 4～6L，随水将异硫氰酸烯丙酯（辣根素）溶液均匀滴入基质层，密闭熏蒸 3～5 天后，揭膜散气 5 天以上。

6.2.2.3 针对性药剂处理：针对枯萎病、疫病、根结线虫等单一根部病害可选择药剂处理，如防治根结线虫可选用 5 亿活孢子 /g 淡紫拟青霉、41.7% 氟吡菌酰胺悬浮剂等药剂处理，防治枯萎病可选用 300 亿芽孢 /mL 枯草芽孢杆菌、10 亿 CFU/g 多黏类芽孢杆菌、0.1% 噁霉灵颗粒剂等药剂处理。使用方法可采用穴施、定植时灌根等。

6.3 生长期综合防控技术

6.3.1 遮阳网防病技术

为预防病毒病和生理性病害，在高温季节可采用遮阳网技术。生产上通常使用三针的黑色遮阳网，透光率在 60% 左右。

6.3.2 防虫网阻隔防虫技术

定植前在棚室出入口处和通风口完全覆盖防虫网，可有效控制各类害虫进入棚室内部。蝶类、蛾类害虫选择 20～30 目，粉虱、蚜虫、斑潜蝇等害虫选择 40～50 目。

6.3.3 色板诱杀害虫技术

在定植后分别挂设 3 块 / 亩黄板和蓝板，用于监测害虫发生动态。害虫发生后，挂设 25cm×30cm 色板 30 块 / 亩，或 30cm×40cm 色板 20 块 / 亩。色板下缘应高出蔬菜顶部

10 ～ 20cm。

6.3.4　消毒垫（池）防病技术

参照 6.1.4。

6.3.5　节水灌溉防病技术

推荐使用滴灌、膜下暗灌等水肥一体化节水灌溉措施，减少用水量、减少水分蒸发，有效降低空气湿度，减少植株表面结露，延缓和预防病害发生，降低病害发生程度。

6.3.6　硫黄熏蒸防病技术

硫黄熏蒸技术主要用于番茄白粉病的预防。一般配合电热式硫黄熏蒸器使用，温室内每亩均匀放置 6 ～ 8 个熏蒸器，高度距离地面 1.5m，并在熏蒸器上方 80cm 设置防护罩，以免棚膜受损。每次硫黄用量 20 ～ 40g，硫黄投放量不超过钵体的 2/3，以免沸腾溢出。使用时间推荐在 18—22 时，保持棚室密闭至少 5h，次日及时进行通风换气。

6.3.7　天敌控虫技术

6.3.7.1　在蚜虫发生初期（点片阶段），在田间释放异色瓢虫，瓢虫与蚜虫的比例为 1:（20 ～ 30），每亩放置 50 ～ 100 个卵卡或 500 ～ 1000 头 3 龄瓢虫幼虫，整个生长季释放 3 次。瓢虫卵卡或者幼虫的释放位置应在蚜虫集中发生的重点株上，使天敌释放装置避光，以保护卵的正常孵化和利于瓢虫幼虫快速扩散。

6.3.7.2　在粉虱发生初期，将释放丽蚜小蜂的蜂卡挂在植株中上部分的分枝上，每次释放 1000 头 / 亩，若平均每棵植株出现 1 ～ 5 头粉虱，每次释放 2000 ～ 3500 头 / 亩，需连续释放 4 ～ 5 次，间隔 7 ～ 10 天释放一次。也可按照 1 ～ 2 头 /m² 释放烟盲蝽，重点释放在有粉虱成虫活动的植株下部叶片上。同时，配合田间打老叶，可以降低下部叶片上粉虱若虫的数量。或者在番茄苗床期距定植前 15 天释放烟盲蝽 0.5 ～ 1 头 /m²，同时投喂米蛾卵作为烟盲蝽种虫的饲料，帮助烟盲蝽在番茄苗床上定殖，以预防粉虱发生；或定植后 15 天粉虱未发生时于番茄幼苗上释放烟盲蝽 1 ～ 2 头 /m²，可有效减少粉虱的发生。

6.3.7.3 在蓟马发生初期释放小花蝽，按照小花蝽与蓟马比例 1：（20 ～ 30），均匀释放。或在植株上部释放巴氏新小绥螨（1 万～ 2 万头 / 亩）＋根部土壤（基质）周围释放剑毛帕厉螨（4 万头 / 亩）。

6.3.7.4 在红蜘蛛发生早期（密度 1 ～ 2 头 / 片叶），按照益害比 1：20 淹没式释放智利小植绥螨，每亩 9000 ～ 15000 头，2 周后重复释放一次，叶螨为害严重时（密度 1000 头 / 片叶），按 60 头 / 株释放。

6.3.7.5 在茶黄螨发生初期（密度 1 ～ 2 头 / 片叶），每亩释放巴氏新小绥满 70 ～ 100 袋 / 亩（活动态巴氏新小绥满 200 只 / 袋），整个生长季释放 2 ～ 3 次。

6.3.8 熊蜂授粉技术

5% 的番茄植株开花后熊蜂入棚，尽量傍晚入棚，蜂箱口朝南，蜂箱位置和放置方向不可随意移动，以免造成迷巢死亡。熊蜂适宜温度在 12 ～ 30℃，湿度在 50% ～ 80%。应用熊蜂授粉时应严格控制农药使用，禁止使用吡虫啉、噻虫嗪、高效氯氟氰菊酯等对熊蜂高毒、持效期长的农药，优先采用物理、生态、生物等非药剂方式控制病虫，如确须使用农药应选择芽孢杆菌、苦参碱、氟啶虫酰胺等对熊蜂风险性小的农药种类，施药时将蜂箱搬出棚室，安全间隔期过后再搬回棚室。

6.4 科学用药技术

6.4.1 农药防控技术

6.4.1.1 灰霉病防控，在发病前至发病初期，可使用5%香芹酚可溶液剂100～120mL/亩，2亿孢子/g木霉菌水分散粒剂100～125g/亩，100亿孢子/g枯草芽孢杆菌可湿性粉剂100～120g/亩，或45%异菌·氟啶胺悬浮剂45～50mL/亩，兑水均匀喷雾，视病情隔7～10天喷一次。

6.4.1.2 防治根结线虫病可选用10%噻唑膦颗粒剂1500～2000g/亩土壤撒施。生物制剂可以选择抗线虫微生物制剂（枯草芽孢杆菌）。

6.4.1.3 防治烟粉虱，可喷施95%矿物油乳油400～500mL/亩，40%螺虫乙酯悬浮剂12～18mL/亩，10%溴氰虫酰胺可分散油悬浮剂33.3～40mL/亩，或5%高氯·啶虫脒可湿性粉剂25～40g/亩。

6.4.2 高效施药技术

优先选用常温烟雾施药机、弥雾机、弥粉机、静电喷雾器等精准高效施药器械施药，提高农药利用率和防治效果，减少农药对环境的污染。

参考文献
REFERENCES

白优爱，2003.京郊保护地番茄养分吸收及氮素调控研究 [D].北京：中国农业大学.

曹华，2018.高端优质鲜食番茄品种及关键栽培技术 [J].中国蔬菜（4）：99-102.

曹华，2014.番茄优质栽培新技术 [M].北京：金盾出版社.

陈清，卢树昌，2014.果类蔬菜养分管理 [M].北京：中国农业大学出版社.

董金皋，2007.农业植物病理学 [M].2版.北京：中国农业出版社.

冯东昕，李宝栋，2006.番茄病虫害防治新技术（修订版）[M].北京：金盾出版社.

郭书普，2009.新版蔬菜病虫害防治彩色图鉴 [M].北京：中国农业大学出版社.

贾海遥，王琨琦，赵倩，等，2020.有机基质消毒方法与装备开发 [J].农业工程，10（4）：32-35.

贾京珠，张天柱，2020.日光温室番茄典型病害及防治措施 [J].现代园艺（1）:173-174.

金明弟，路凤琴，李惠明，2018.蔬菜职业农民技术指南 [M].上海：上海科学技术出版社.

孔令波，段金博，陈丽梅，等，2017.日光温室番茄生理性病害的发生及其综合防治 [J].农业科技通讯（3）：245-249.

李保聚，2014.蔬菜病害诊断手记 [M].北京：中国农业出版社.

李俊，姜昕，黄为一，等，2019.微生物肥料生产应用技术百问百答 [M].北京：中国农业出版社.

梁成华，吴建繁，1999.保护地蔬菜生理病害诊断及防治（彩色图册）[M].北京：中国农业出版社.

刘宝存，赵永志，2016.北京土壤 [M].北京：中国农业出版社.

刘军，高丽红，黄延楠，2004.日光温室不同温光环境下番茄对氮磷钾吸收规律的研究 [J].9（2）：27-30.

刘军，高丽红，黄延楠，2004.日光温室两种茬口下番茄干物质及氮磷钾分配规律研究 [J].中国农业大学学报，37（9）：1347-1351.

刘微，刘淑艳，李玉，等，2009.番茄白粉病的病原菌鉴定 [J].植物病理学报（1）：11-15.

陆景陵，陈伦寿，2009.植物营养失调症彩色图谱：诊断与施肥 [M].北京：中国林业出版社.

马国瑞，石伟勇，2001.农作物营养失调症原色图谱 [M].北京：中国农业出版社.

齐艳华，2015.设施蔬菜高产状元种植技术集锦 [M].北京：电子工业出版社.

商咪，刘芳，何忠伟，2011.北京市番茄产业发展现状及其对策 [J].北京农学学院学报，26（4）：45-48.

石如岳，王冲，杨俊雪，2019.京郊设施番茄栽培技术要点 [J].现代农村科技（8）：18-19.

汤丽玲，2004.日光温室番茄的氮素追施调控技术及其效益评估 [D].
北京：中国农业大学 .

王永泉，徐进，2012.番茄高效益设施栽培综合配套新技术 [M].北
京：中国农业出版社 .

魏野畴，符崇梅，张付平，2015.日光温室蔬菜花卉病虫草害彩色
图谱 [M].兰州：甘肃科学技术出版社 .

魏野畴，符崇梅，张付平，2015.日光温室蔬菜花卉病虫草害彩色
图谱 [M].兰州：甘肃科学技术出版社 .

吴建繁，王运华，贺建德，等，2000.京郊保护地番茄氮磷钾肥料
效应及其吸收分配规律研究 [J].植物营养与肥料学报，6（4）：
409-416.

闫连波，魏荔，闫实，等，2015.顺义土壤管理与作物施肥图册
[M].北京：中国农业科学技术出版社 .

杨军玉，2016.蔬菜病虫害防治彩色图鉴 [M].北京：金盾出版社 .

张福锁，陈新平，陈清，等，2009.中国主要作物施肥指南 [M].北
京：中国农业大学出版社 .

赵永志，2014.设施蔬菜土肥实用技术 [M].北京：中国农业科学技
术出版社 .

郑建秋，2004.现代蔬菜病虫鉴别与防治手册 [M].北京：中国农业
出版社 .

朱兆良，孙波，2008.中国农业面源污染控制对策研究 [J].环境保
护（8）：4-6.

ABDOLLAHIPOURA M, FATHIPOURA Y, MOLLAHOSSEINIB
A, 2020. How does a predator find its prey? *Nesidiocoris tenuis* is
able to detect *Tutaabsoluta* by HIPVs [J]. Journal of Asia-Pacific
Entomology, 23: 1272-1278.

FATHIPOURA Y, MALEKNIAA B, BAGHERIB A, et al., 2020. Functional and numerical responses, mutual interference, and resource switching of *Amblyseius swirskii* on two-spotted spider mite [J]. Biological Control, 146: 104266.

Opit G P, Nechols J R, Margolies D C, 2004. Biological control of two-spotted spider mites, *Tetranychus urticae* Koch (Acari: Tetranychidae), using *Phytoseiulus persimilis* Athias-Henriot (Acari: Phytoseidae) on ivy geranium: assessment of predator release ratios [J]. Biological Control, 29: 445–452.